RAUL CANALES ECOBEDO
JOSÉ LUIS RIOS FLORES
MANUEL DE JESUS A. RUIZ-ESPARZA

PEGADA HÍDRICA FÍSICA, ECONÓMICA E SOCIAL

RAUL CANALES ECOBEDO
JOSÉ LUIS RIOS FLORES
MANUEL DE JESUS A. RUIZ-ESPARZA

PEGADA HÍDRICA FÍSICA, ECONÓMICA E SOCIAL

da maçã(Malus domestica L.) variedade vermelha deliciosa do norte do méxico

ScienciaScripts

Cover image: www.ingimage.com

This book is a translation from the original published under ISBN 978-613-9-40476-6.

Publisher:
Sciencia Scripts
is a trademark of
Dodo Books Indian Ocean Ltd. and OmniScriptum S.R.L publishing group

120 High Road, East Finchley, London, N2 9ED, United Kingdom
Str. Armeneasca 28/1, office 1, Chisinau MD-2012, Republic of Moldova, Europe
Printed at: see last page
ISBN: 978-620-8-08603-9

ÍNDICE DE CONTEÚDOS

RESUMO *2*
RESUMO *4*
I. INTRODUÇÃO *6*
II. OBJECTIVOS ESPECÍFICOS E HIPÓTESES *9*
III. REVISÃO DA LITERATURA *11*
IV. MATERIAIS E MÉTODOS *43*
V. RESULTADOS E DISCUSSÃO. *51*
VI CONCLUSÕES E RECOMENDAÇÕES *70*
VII LITERATURA CITADA *73*

RESUMO

O objetivo foi determinar a pegada hídrica (HHF) nas suas três variantes: física, económica e social através de índices de eficiência hídrica física (EFA), económica (EEA) e social (ESA), bem como a produtividade física (PFA), económica (PEA) e social (PSA) da água utilizada na produção da cultura da maçã (*Malus domestica L.)* variedade Red Delicious produzida no norte do México, nos principais estados produtores: Chihuahua, Coahuila e Durango em 2022. Foram utilizados modelos matemáticos de eficiência e produtividade da água para culturas individuais, bem como a nível agregado para várias culturas. As variáveis independentes que alimentaram os modelos foram dados de produção à escala comercial. 3Sempre na ordem de Durango, Coahuila, Chihuahua e a média ponderada dos três, os resultados mostram: em EFA (em litros/kg): 6346, 1111, 391 e 541; em FSS (em m /USD ganho (+) ou perda (-): -1.82,

^{3}-0,56, 3,27 e -99,63: no SCE (em m /trabalho): 65829, 13091, 18680 e

^{3}22570; no PAA (em kg/m): 0,158, 0,900, 2,557 e 1,848; no PAA

^{33}(em USD ganho(+) ou perda (-) /m): -0.55, +1.78, 0.31 e -0.01; em PES (em empregos/hm): 15.19, 76.39, 53.33 e 44.31. $^{-1-1}$Apenas o FQ Físico de Chihuahua e a média ponderada dos três estados (com 389 e 541 L kg, respetivamente) ficaram abaixo do FQ médio mundial de 700 L kg, enquanto Durango e Coahuila, com 6346 e 1111, ficaram acima dos 700 L kg do FQ médio mundial, o que coloca estes dois estados numa posição desfavorável, ^{3}Mostra-os também como ineficientes e improdutivos na utilização da água em termos físicos e económicos (uma vez que produziram uma perda por hm utilizado) e apenas Coahuila se sai bem no WF social, uma vez que é o estado que utiliza menos água por emprego gerado.

Palavras-chave: maçã - produtividade - eficiência - água virtual - sustentabilidade - pegada hídrica.

RESUMO

O objetivo foi determinar a pegada hídrica (HHF) nas suas três variantes: física, económica e social através de índices de eficiência física (EFA), económica (EEA) e social (ESA) da água, bem como a produtividade física (PFA), económica (PEA) e social (PSA) da água utilizada na produção da cultura da maçã (*Malus domestica L.)* variedade Red Delicious produzida no norte do México, nos principais estados produtores: Chihuahua, Coahuila e Durango em 2022. os modelos matemáticos de eficiência e produtividade da água para uma cultura individual, bem como a nível agregado para várias culturas. As variáveis independentes que alimentaram os modelos foram a produção à escala comercial. ^{3}Sempre na ordem de Durango, Coahuila, Chihuahua e a média ponderada dos três, os resultados indicam: na EFA (em litros/kg): 6346, 1111, 391 e 541; na EEA (em m /USD de lucro (+) ou perda (-): ^{33}-1,82, -0,56, 3,27 e -99,63: na AEE (em m /emprego): 65829, 13091, 18680 e 22570; na AEP (em kg/m): 0,158, 0,900, 2,557 e 1,848; na AEP (em USD de ganho(+) ou perda (-)/m3): ^{3}-0,55, +1,78, 0,31 e -0,01; no PSA (em empregos/hm): 15,19, 76,39, 53,33 e 44,31. $^{-1-1-1}$Apenas o HH físico de Chihuahua e a média ponderada dos três estados (com 391 e 541 L kg respetivamente) ficaram abaixo da média mundial de HH de 700 L kg , Durango e Coahuila com 6346 e 1.111 ficaram acima dos 700 L kg da média mundial de WF, o que posiciona mal estes dois estados, pois sugere uma enorme transferência de água mexicana para outros países cristalizada na forma da maçã Red Delicious, ^{3}bem como para o próprio mercado interno, por sua vez, aponta-os como ineficientes e improdutivos no uso da água em termos físicos e económicos (uma vez que produziram perdas por hm utilizado) e apenas Coahuila se sai bem no HH social, uma vez que é o que utiliza menos água por emprego gerado.

Palavras-chave: maçã -produtividade -eficiência -água virtual -sustentabilidade

- Pegada hídrica.

I. INTRODUÇÃO

[1]A maçã, sem dúvida uma das frutas mais populares do mundo, não só pelo seu sabor requintado, mas também pelos seus notáveis benefícios para a saúde, como demonstrado pela BUPA, 2023 . Tem os seguintes benefícios "Reforça o sistema imunitário
Melhora a função cerebral
Ajuda a tratar problemas intestinais e dores de estômago Previne a diabetes (ou ajuda a controlá-la)
Protege contra as doenças cardiovasculares. Combate a asma
Previne a cárie dentária.
Ajuda a prevenir o cancro, as doenças cardíacas e a anemia Melhora o humor
[2]Previne o envelhecimento prematuro" Devido precisamente à sua grande palatabilidade e às suas propriedades saudáveis, as maçãs são um dos principais chamados superalimentos, o que, de acordo com a Agro Revista industrial del agro de 2000, 2021 , levou a que a produção deste fruto fosse considerada a fruta mais consumida no mundo. Sabe-se que, a nível mundial, a produção de maçãs aumentou a uma taxa média anual de 8,4 por cento no período 2012-2020, enquanto no México, durante este período, a produção deste fruto teve uma taxa de crescimento anual de 14 por cento.
Ora, como a procura de maçãs é crescente, implicitamente mais recursos terão de ser utilizados na sua produção, concretamente implicará uma maior procura de água doce na sua produção, dado o

[1] BUPA (British United Provident Association), 2023. Todos os benefícios de comer maçãs. Disponível em https://www.bupasalud.com/agentes/novedades/actualizaciones-2023 Consultado pela última vez em 7 de janeiro de 2024.
[2] Revista Agro Industrial 2000, 2021. Disponível em: https://www.2000agro.com.mx/agroindustria/crecimiento-de-2-digitos-en-produccion-de-manzanas/

problema a tratar onde este trabalho se insere, o da escassez de água, pelo que é necessário, necessária e objetivamente, determinar o grau de eficiência e produtividade com que a escassa água doce é utilizada neste super-alimento chamado maçã, É, pois, necessário determinar o grau de eficiência e de produtividade com que a escassa água doce é utilizada nesse super-alimento chamado maçã, porque embora seja um alimento saudável e saboroso, isso não o dispensa de fazer um uso adequado de um recurso tão escasso como a água, já que dele depende não só a sustentabilidade da produção a longo prazo, mas também a disponibilidade de água nas gerações futuras: a disponibilidade de água para as gerações futuras para consumo humano está em causa, razão pela qual a utilização correta da água é tão importante.

Deve ficar claro desde já que este trabalho não é sobre o cultivo de maçãs Red Delicious, mas sim sobre como o principal recurso da produção agrícola é utilizado na produção de maçãs Red Delicious: a água doce, que, como veremos mais adiante, é um recurso realmente escasso, já que a água doce *disponível* para o ser humano representa apenas 0.0075% da quantidade total de água existente no planeta, daí a importância de termos números-índice que indiquem claramente, em ***termos físicos***, quanta água é necessária para cada quilograma de fruta produzida, ou o que é o mesmo, mas ao contrário: quantos quilogramas são produzidos por cada metro cúbico de água utilizado, do mesmo modo, em ***termos económicos***, quanto lucro é gerado por cada metro cúbico de água utilizado na produção, ou dito pelo seu inverso, quantos metros cúbicos de água são necessários para produzir uma unidade monetária de lucro, e finalmente, em ***termos sociais***, quanto emprego é gerado pela utilização de um hectómetro cúbico de água na produção ou visto pelo seu inverso: quantos metros cúbicos de água estão associados à criação de um emprego na produção agrícola de maçã Red

Delicious.

Desta forma, só quando tivermos os números-índice da pegada hídrica em termos físicos, económicos e sociais de todo o conjunto de culturas de uma região agrícola, é possível fazer uma alocação adequada de água entre as diferentes alternativas em que a água pode ser utilizada, de forma a alocar água às actividades produtivas em culturas ou actividades pecuárias que, ao mesmo tempo que maximizam os benefícios económicos e sociais, poupam água em termos físicos, tendo sempre um objetivo na utilização da água, atribuir água às actividades produtivas em culturas ou actividades pecuárias que, maximizando os benefícios económicos e sociais, poupem água em termos físicos, contribuindo assim para a sustentabilidade a longo prazo e a disponibilidade do recurso para utilização pelas gerações futuras.

II. OBJECTIVOS ESPECÍFICOS E HIPÓTESES

2.1 Objectivos

O objetivo geral deste estudo foi determinar a pegada hídrica nas suas três facetas: em termos físicos, em termos económicos e em termos sociais, através de equações matemáticas alimentadas com dados à escala comercial, a fim de determinar, em primeiro lugar, ***qual é a quantidade de produto*** (físico - em kg -, económico - em lucro em USD - e social - em empregos gerados -) *que é produzido por cada metro cúbico de água utilizado na produção de maçãs Red Delicious* nos três principais estados produtores: Durango, Chihuahua e Coahuila no norte do México e, em segundo lugar, ***qual é a quantidade de água*** utilizada na produção à escala comercial por kg de produto físico, bem como a quantidade de água utilizada por USD de lucro e a quantidade de água associada à criação de um emprego na produção de maçãs Red Delicious nos três estados indicados no norte do México no ano agrícola de 2022.

2.2 Hipótese

Primeira hipótese: ***A pegada hídrica física*** da maçã (*Malus domestica L.)* da variedade Red Delicious dos três principais estados produtores de maçã Red Delicious: Durango, Chihuahua e Coahuila, no norte do México, - [3]determinada por um Índice de Eficiência Hídrica Física "EFA" (medido em litros de água utilizados na produção por kg produzido, abreviado como L kg), terá um Índice *de Eficiência* Hídrica *Física* ***inferior*** à pegada hídrica média mundial de 700 litros por kg de maçã apenas no estado de Chihuahua, enquanto Durango e Coahuila terão um EFA superior à pegada hídrica média mundial comunicada por Mekonnen e Hoekstra (2010) de 700 litros por kg.

Segunda hipótese: ***A pegada hídrica económica*** da maçã (*Malus domestica L.*[3-1]) variedade Red Delicious, determinada por um índice de eficiência económica da água "EEA", que mede o EEA em metros cúbicos de água utilizada na produção por cada dólar de ganho (se o índice for positivo) ou perda (se o índice for negativo) produzido (abreviado como m USD) e um índice de produtividade económica da água "EWP" (que mede a EWP em dólares de ganho por metro cúbico de água utilizada na produção, -3(medindo o ganho em USD por metro cúbico de água utilizada na produção, abreviado como USD m) serão ***superiores*** ao EEE e à PAA da média ponderada dos três Estados produtores apenas no Estado de Chihuahua, enquanto Durango e Coahuila terão um EEE e uma PAA inferiores à média ponderada dos três Estados produtores.

Terceira hipótese: ***A pegada hídrica social*** da maçã (*Malus domestica L.*[3-1]) variedade Red Delicious, determinada por um índice de Eficiência Social da Água "SWE", medido em metros cúbicos de água utilizada na produção por emprego equivalente produzido (abreviado como m Empregos) e um índice de Produtividade Social da Água "WSP" (medido em empregos gerados por hectómetro cúbico de água utilizada na produção, -3(medido em postos de trabalho gerados por hectómetro cúbico de água utilizada na produção, abreviado como E hm) serão ***superiores*** à AEE e à PSA da média ponderada dos três Estados produtores apenas no Estado de Chihuahua, enquanto Durango e Coahuila terão uma AEE e uma PSA inferiores à média ponderada dos três Estados produtores.

---

[3] ***Mekonnen, M.M. e Hoekstra, A. Y. 2010.*** The green, blue and grey water footprint of crops and derived crop products. Hydrology and Earth System Sciences, 15(5): 1577-1600.

III. REVISÃO DA LITERATURA

3.1 Origem genética da maçã (*Malus domestica L.)*, qualidades e caraterísticas.

Segundo o Botanical- Online (2023) "As maçãs são os frutos das macieiras, árvores (*Malus spp*) da família das Rosáceas, que inclui arbustos silvestres ou cultivados como o abrunheiro, as roseiras, ou outras árvores como a amendoeira ou a cerejeira. A macieira europeia cultivada corresponde à espécie *Malus domestica L.* É uma árvore de folha caduca que pode atingir 15 m de altura. Os seus caules são cinzentos e os seus ramos jovens são pubescentes. Folhas elíptico-ovais com a parte inferior coberta de penugem, dentadas, até 15 cm de comprimento. Flores brancas ou rosadas até 5 cm. O fruto (maçã) é um botão de mais de 5 cm, de cor muito variável consoante a variedade. É originária do Oriente, formada por hibridação de espécies selvagens e por vezes selvagens. Não se sabe exatamente qual é a primeira espécie cultivada da qual derivam todas as outras, embora se pense que o mais provável é que provenha da espécie *Malus sieversii Ledeb,* cuja origem é de 15.000 a 20.000 anos atrás na Ásia Central, especificamente em Tian-Shan, uma área montanhosa situada no noroeste da China e no Cazaquistão". [4]

[5] De acordo com Haro e Moreau (2023) , a maçã tem as seguintes propriedades para a saúde: "Ideal como lanche a meio da manhã ou a

---

[4] **Botanical-oline, 2023**. maçãs, fruta. disponívelem: https://www.botanical- online.com/botanical-oline/apple-characteristics#Characteristics_of_apples

[5] **Haro, G. Ana e Moreau, B. Mría Del Carmen. 2023.** Maçã. In: PULEVA; Bienestar para disfrutar de la vida. Disponível em. https://www.lechepuleva.es/aprende-a-cuidarte/tu-alimentacion- de-la-a-z/m/manzana#:~:text=La%20manzana%20manzana%20nos%20aporta%20vitaminas,Para%20forfortalecer%20pel o%20y%20y%20u%C3%B1as.

meio da tarde, a maçã é um dos frutos mais saudáveis que se conhecem e, como tal, um dos mais recomendados para inclusão na dieta. Os remédios naturais, transmitidos de geração em geração, descrevem-na como ideal para os males dos pulmões, misturada com uma colher de mel para a tosse, para a higiene oral das gengivas, no caso de esgotamento físico e intelectual, no caso da gota, como um excelente antidiarreico? Como as maçãs nos ajudam", Haros e Moreau (2023 *Op. Cit.*) referem que as propriedades nutricionais e sanitárias das maçãs podem ser resumidas nos dezasseis pontos seguintes:

1) **"Para apaziguar a ansiedade**. Quando não se consegue concentrar porque tem o estômago vazio, é aconselhável comer uma maçã, pois só fornece 50 Kcal por 100 gramas. Assimevita-se outros alimentos mais calóricos, como batatas fritas, pastelaria, chocolate ou doces, que não são saudáveis, pois, entre outras coisas, fornecem mais calorias que serão armazenadas como gordura".

2) **"Como pasta de dentes natural**. As fibras da maçã (partes rosadas da casca e da polpa), combinadas com o poder da mastigação, têm um efeito de arrastamento e limpeza dos resíduos alimentares na boca, para além de fortalecerem as gengivas. Como é um fruto aromático, actua também contra o mau hálito".

3) **"Na luta contra o colesterol**. As maçãs contêm uma fibra, a pectina, que é ideal para reduzir o colesterol ingerido na alimentação. Transporta-o antes de ser absorvido pelo organismo. É o fruto perfeito para complementar um prato de carne ou de ovos. A sua fibra é também depurativa em jejum porque reduz o colesterol na bílis".

4) **"Para melhorar a memória.** As maçãs fornecem-nos vitaminas B1 e B6, que previnem o esgotamento mental e fortalecem a memória. É também uma fonte de fósforo, um mineral presente nos fosfolípidos do cérebro, potássio e sódio, que são essenciais para a condução nervosa".

5) **"Para fortalecer o cabelo e as unhas**. As maçãs fornecem ferro, que é essencial para o cabelo e as unhas fortes. Também contém ácido pantoténico ou vitamina B5, que promove a regeneração do cabelo".

6) **"Contra a obesidade**. A fruta fresca, os sumos ou um biscoito integral de baixas calorias devem ser os alimentos complementares que satisfazem o apetite excessivo dos jovens, devido às poucas quilocalorias que fornecem, se não quisermos que se tornem obesos e com excesso de peso. É claro que tudo isto deve ser complementado com actividades desportivas regulares.

7) **"Como reforço das defesas.** A vitamina C contida na maçã estimula as células imunitárias, reforçando as defesas e prevenindo gripes e constipações".

8) **"Como aliado contra as hemorragias.** A sua vitamina C reforça as paredes dos vasos sanguíneos e ajuda à cicatrização das feridas, estimulando a formação de colagénio. Previne igualmente as hemorragias espontâneas do nariz e das gengivas".

9) **"Como antídoto contra a podridão**. A maçã é a fruta com o maior teor de frutose do mundo. Este açúcar é um monossacárido, ou seja, uma molécula simples que é imediatamente utilizada pelo organismo, o que nos ajuda a evitar a queda da glicemia, prevenindo o típico cansaço e as tonturas que podem surgir entre uma refeição e outra".

10) **"Como ajuda ao crescimento**. As maçãs são uma fonte de cálcio e fósforo, essenciais para a formação de sais minerais no osso. Também fornece vitamina C, que está envolvida na formação da substância da matriz do osso. Por outro lado, as vitaminas do grupo B são necessárias para o crescimento e desenvolvimento dos músculos. Por todas estas razões, é bom comer maçãs durante a época de

crescimento".

11) **"Para aumentar a capacidade muscular.** A vitamina B1 ou tiamina previne a fadiga muscular, enquanto a vitamina B2 ajuda na obtenção de energia e a vitamina B6 intervém nas proteínas que formam a massa muscular".

12) **"Para descansar os olhos**. Quando os nossos olhos secam devido a locais mal ventilados, ao aquecimento, ao uso do computador ou simplesmente porque usamos lentes de contacto durante muito tempo, as maçãs fornecem água com vitamina B2 que os hidrata e melhora o mecanismo da visão. As maçãs são especialmente recomendadas quando se usam lentes de contacto".

13) **"Contra o acne**. Para evitar a acne, é necessário ter uma pele hidratada e purificada; neste sentido, as maçãs são uma boa fonte de água (85%). Da mesma forma, como não contém gordura ou açúcares refinados, não contribui para a acne.

14) **"Como bebida isotónica**. As células do corpo devem ter um nível adequado de hidratação, uma vez que o corpo humano é constituído por 70% de água. Os rins filtram 2,5 litros de água por dia, que devem ser repostos com 1,5 litros de água pura e mais 1,5 litros de alimentos. As maçãs são 85% água e contêm vitaminas, minerais e açúcares dissolvidos, pelo que saciam a sede e mantêm o nível de água em todas as células do corpo. Além disso, é fácil de transportar e pode ser tomada a qualquer altura do dia".

15) **"Como regulador intestinal**. A polpa da maçã contém substâncias chamadas pectinas que regulam eficazmente o trânsito intestinal. Devido à sua capacidade de inchar com a água, facilitam o peristaltismo, sem interferir com a absorção de cálcio, ferro ou magnésio, mas bloqueando a passagem do colesterol para as células da superfície intestinal. Quando utilizada para prevenir a obstipação, a maçã deve ser

consumida com a casca. Por outro lado, para evitar a diarreia, deve ser consumida sem a casca, sendo mais aconselhável comê-la ralada".

16) **"Contra os efeitos nocivos da poluição e do tabaco.** Os fumos da poluição e do tabaco oxidam as células do organismo. A quantidade de vitamina C contida nas maçãs tem um efeito antioxidante nos tecidos, prevenindo o envelhecimento prematuro.

Devido ao seu elevado valor nutricional, este fruto é o mais consumido no mundo. Por cada 100 gramas, o valor nutricional da maçã é caracterizado por 52 calorias e 85,6 gramas de água,

[6]0,2 g de gorduras totais, 0,0 mg de colesterol, 1 mg de sódio, 107 mg de potássio, 14 g de hidratos de carbono e o,3 g de proteínas, bem como minerais como o cobre, o manganês, o fósforo e o zinco, bem como vitaminas B, B12, folato e colina .

[7]Quanto à taxonomia da maçã, de acordo com Cerdán e Suárez (2020) , a maçã pertence à Ordem Rosales, Família Rosaceae, Subfamília Amygdoaloideae, Tribo Maleae, Género Malus espécie M. domestica (Borkh, 1803.).

Com base em Cerdán e Suárez (2020, *Op. Cit.),* existem vários centros de origem de plantas cultivadas, sendo o centro de origem mais antigo o chinês, de onde provém a macieira, bem como a cereja, o pêssego, o sésamo, o painço, a soja, a cana-de-açúcar, o arroz e outras culturas. Este centro de origem chinês corresponderia à Região III que o botânico russo Vavilov caracterizou para o que é atualmente o noroeste da República Popular da China e o norte do Cazaquistão.

---

[6] **Fonte:** https://www.herbazest.com/es/hierbas/manzana

[7] **Cerdán, Carlos e Suárez, Ana Isabel. 2020**. Centros de Origem da Biodiversidade. Disponível em: . https://www.uv.mx/personal/asuarez/files/2020/05/Semana-5-Sesion-1-Centros-de-origen-2020.pdf

3.2 Mercado mundial, nacional e regional da produção de maçãs em 2021/22.

[8]De acordo com a FAO (2021), em 2018, foi produzido um total de 868 milhões de toneladas de diferentes frutos em todo o mundo.

No âmbito dos 868 milhões de toneladas de frutas produzidas no mundo, a maçã, em termos de volume físico, segundo a FAO (2021 *Op. Cit.*), é a quarta fruta mais produzida no mundo, o primeiro lugar vai para as bananas com 155 milhões de toneladas, o segundo lugar para os citrinos como a laranja, limão, toranja com 152 milhões de toneladas, o terceiro lugar para a melancia e melão com um volume de 131 milhões de toneladas, a quarta posição para a maçã, pera, marmelo e pomóidea com 111 milhões de toneladas (ver figura 1).

---

[8] ***FAOSTAT, 2021***. Ano Internacional das Frutas e Legumes . *Disponível em :* https://www.fao.org/3/cb2395es/cb2395es.pdf

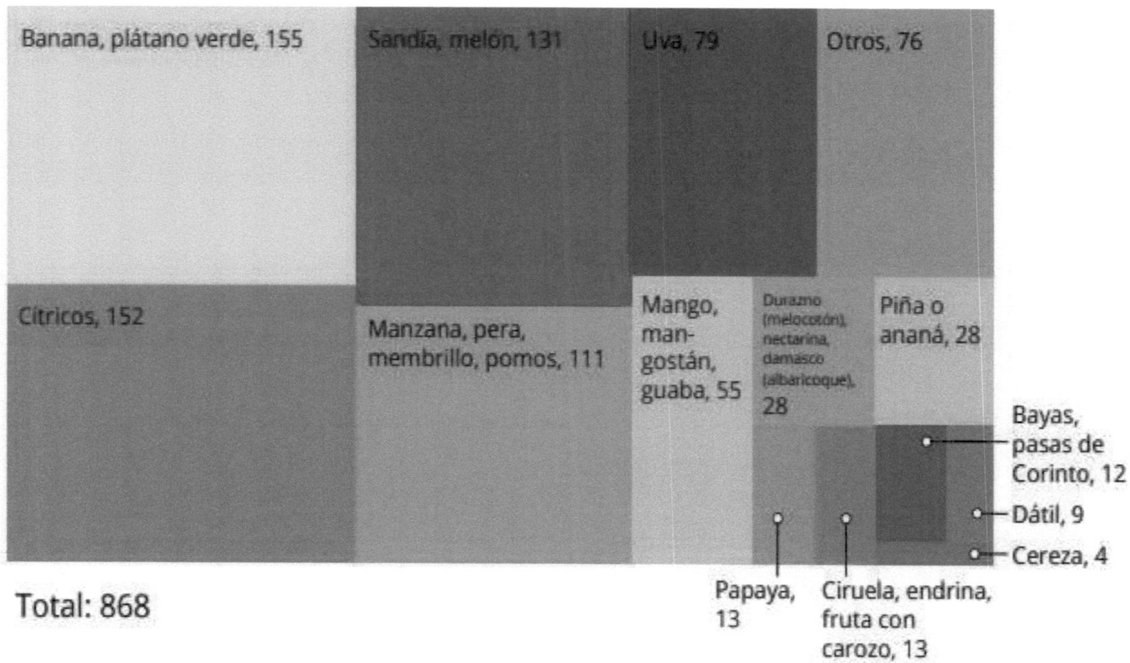

Figura 1: Produção mundial de frutas por produto em 2018 em milhões de toneladas (Fonte FAOSTAT, 2021. Ano Internacional das Frutas e Legumes. Disponível em: https://www.fao.org/3/cb2395es/cb2395es.pdf)

Frutas como a uva, a manga, a goiaba, o pêssego, o ananás, a tâmara, a papaia e a ameixa, segundo a FAO (2021 *Op. Cit*), tiveram volumes físicos de produção inferiores aos da maçã; de facto, a produção de uva, em quinto lugar de importância, com 79 milhões de toneladas, teve uma tonelagem muito distante da da maçã, da pera, do marmelo e da pomóidea (ver figura 1).

O quadro 1 mostra a produção de maçãs apenas, excluindo peras, marmelos e pomares, como mencionado nos parágrafos anteriores. Esta fonte mostra que, entre 2019 e 2021, os principais países produtores de maçãs foram a China, a Turquia, os EUA, a Polónia e a Índia.

Country	2021	2020	2019
China	45,983	44,066	42,425
Turkey	4493	4300	3618
United States	4467	4665	5028
Poland	4067	3555	3080
India	2276	2814	2316
World	93,144	90,490	87,509

Quadro 1: Principais países produtores de maçã no mundo de 2019 a 2021 (em milhares de toneladas métricas)[9]

O quadro 1 mostra que, entre 2019, 2020 e 2021, a produção mundial de maçã aumentou de 87 509 para 90 490 e daí para 93 144 milhões de toneladas métricas (mtm), respetivamente, o que, em termos de taxa de crescimento anual (TCA), equivale a um crescimento de 2,1% por ano, sendo a China o principal país produtor de maçã, com 42 425, 44 066 e 45 983 mtm, respetivamente, nesses três anos, o que, em termos de taxa de crescimento anual (TCA), equivale a um crescimento de 2,1% por ano, sendo a China o principal país produtor de maçã, com 42 425,

[9] **FAOSTAT, 2023**. Divisão de Estatística da FAO. Disponível em. https://www.fao.org/3/cb2395es/cb2395es.pdf: acedido em 8 de novembro de 2023.

44 066 e 45 983 mtm, respetivamente, nesses três anos, o que, em termos de taxa de crescimento anual (TCA), equivale a um crescimento de 2,1% por ano.
percentagem representou 48,5%, 48,7% e 49,4%, respetivamente, da produção mundial de maçã, com um TAC de 2,7% entre 2019 e 2021, acima do crescimento médio anual mundial de 2,1%, embora com uma produção muito inferior à da China, a Turquia foi o segundo maior país produtor de maçã, uma vez que, com os volumes indicados no Quadro 1, a Turquia contribuiu com 4,1%, 4,8% e 4.8% da produção mundial, no entanto, a produção turca de maçãs cresceu a uma taxa anual de 7,5%, passando de 3.618 mtm em 2019 para 4.493 mtm em 2021, à semelhança da Polónia, que foi o quarto maior país produtor com volumes relativamente próximos dos da Turquia (ver quadro 1), mas o seu crescimento anual foi o mais elevado entre os cinco principais países produtores de maçãs, passando de 3.080 para 4.067 mtm entre 2019 e 2021, com um TAC na ordem dos 9,7%.

Os Estados Unidos da América foram o terceiro maior produtor, contribuindo entre 2019 e 2021 com 5,7%, 5,2% e 4,8% (equivalente a 5 028, 4 665 e 4 467 mtm), a Índia foi o quinto maior país produtor de maçãs, com crescimento decrescente ao longo do período, apresentando um TAC negativo na ordem dos 0,6% (ver quadro 1).

O mercado mundial da maçã, agora visto numa perspetiva de exportação-importação, é apresentado no quadro 2.

O quadro 2 mostra que, em 2021, o mercado de exportação-importação de maçãs, pêras e marmelos ascendeu a 10 787 milhões de dólares americanos (MUSD), ou seja, entre os três frutos, na perspetiva de que os países venderam maçãs, pêras e marmelos a outros países, foi recolhido este montante de 10 787 MUSD.

Quadro 2: Mercado mundial de maçãs, peras e marmelos em 2021. Dez principais países.

Exportações				Importações			
Posiçao		THUSD	% de participação	Posição	País	THUSD	% de quota
1	China	$1,986	18.4	$ 1	Alemanha	$786	7.29
	Itália	$1,161	10.8		Indonésia	$661	6.12
	EUA	$949	8.8		Rússia	$534	4.95
	Chile	$818	7.58		eino Unid	$517	4.79
5	Nova Zelândia	$733	6.8	5	Índia	$388	3.59
	África do Sul	$732	6.79		aises Bajo	$359	3.33
	Países Baixos	$561	5.2		México	$329	3.05
8	Polónia	$497	4.61	8	Vietname	$358	3.32
9	França	$429	3.98	9	Tailândia	$325	3.02
10	Bélgica	$402	3.73	10	França	$310	2.88
	Resto do mundo	$2 ,519	23.31	Mundial		$6,220	57.66
	Total	$10,787	100	Total	Total	$ 10,787	100
	México	$0.507	0.0047				

Fonte: Elaboração própria, com base em dados de DATA MEXICO, GOVERNO DO MÉXICO, 2023. Disponível em: https://www.economia.gob.mx/datamexico/es/profile/product/apples-pears-and-quinces-fresh#:~:text=In%202021%20at%20world%20level,United%20(US%24949M). Nota: MUSD = Milhões de dólares americanos.

O quadro 2 mostra que o principal país vendedor (exportador) destes três frutos foi a China, que, com 1 986 MUSD, contribuiu com 18,4% do valor das exportações mundiais, o segundo lugar foi ocupado pela Itália, com 10,8% (1 161 MUSD) do valor total das exportações de maçãs, pêras e marmelos, e os EUA foram o terceiro país vendedor destes três frutos, com 949 MUSD, o equivalente a 8,8% das exportações mundiais destes três frutos. O México não figura entre os dez principais países exportadores.

0,507 MUSD contribuíram com 0,0047% do valor das exportações de maçãs, peras e marmelos.

Agora, quem foram os principais países que compraram as maçãs exportadas pelos países indicados no lado esquerdo da tabela 2, a resposta está no lado direito da tabela 2, aí pode ver os principais países importadores de maçãs, pêras e marmelos, que em conjunto importaram 10.787 MUSD, destacando que o principal país comprador destes frutos foi a Alemanha, que com 786 MUSD contribuiu com 7.29% das importações mundiais, o segundo principal país importador destes frutos foi a Indonésia com 661 MUSD, representando 6,12 do valor mundial das importações destes três frutos, o terceiro principal país comprador de maçãs, peras e marmelos foi a Rússia com 534 MUSD em 2021, equivalente a 4,95 do valor total das importações.

O México, de acordo com o quadro 2, foi o sétimo maior importador de maçãs, pêras e marmelos, uma vez que as suas importações ascenderam a 329 MUSD, o equivalente a 3,05% do valor global das importações. Note-se que a França vendeu estes frutos e arrecadou um total de 429 MUSD, enquanto comprou estes três frutos ao resto do mundo por um total de 310 MUSD.

A um nível inferior de agregação, apenas ao nível dos Estados Unidos Mexicanos, o quadro 3 contém informações sobre a produção de maçãs a quatro níveis de agregação:

1) Produção de maçãs em geral, ou seja, todas as variedades, tanto ***de regadio como de sequeiro***, em todos os tipos de tecnologia (campo aberto e agricultura protegida (estufa, rede de sombra e macro-túnel), todos os tipos de produção (convencional e biológica), para o mercado interno e externo e a nível estatal (nacional, Chihuahua, Coahuila, Durango e os três estados produtores) (ver parte superior do quadro 3).

2) Produção de maçãs em geral, ou seja, todas as variedades, ***apenas sob irrigação***, em todos os tipos de tecnologia (campo aberto e agricultura protegida (estufa, rede de sombra e macro-túnel), todos os tipos de produção (convencional e biológica), para o mercado interno e externo e a nível estatal (nacional, Chihuahua, Coahuila, Durango e os três estados produtores) (ver parte superior central do quadro 3).

3) Produção de maçãs **Red Delicious *em regime de regadio***, em todos os tipos de tecnologia (campo aberto e agricultura protegida (estufa, rede de sombra e macro-túnel), todos os tipos de produção (convencional e biológica), para o mercado interno e externo e a nível estadual para cada um dos três principais estados produtores, bem como a nível nacional (ver parte inferior central do quadro 3).

4) Produção de maçãs **Red Delicious em regadio**, **em** todos os tipos de produção (convencional e biológica), para o mercado interno e externo e ao **nível dos principais municípios produtores** dos três principais estados produtores (Canatlán em pomares abertos, Arteaga, Coahuila em agricultura protegida nacional e Cuauhtémoc, Chihuahua em pomares abertos). Ver parte inferior do quadro 3.

Quadro 3: Produção de maçãs no México, 2022

Nível de agregação	Superfície	produção	VBP	% em comparação com o valor nacional		
	Ha colhidos	Toneladas	Milhares de MX$	Área	de produção	VBP
I) Produção de maçãs (todos os tipos de tecnologia, irrigação+sazonal, todas as variedades, mercado mercado interno+externo)						
Nacional	54,949.96	808,906.03	$8,871,591	100.0%	100.0%	100.0%
Durango	5,040.98	6,149.04$94	,818	9.2%	0.8%	1.1%
Coahuila	5,727.00	45,051.26$	467,736	10.4%	5.6%	5.3%
Chihuahua	31,682.36	688,788.72	$7,740,114	57.7%	85.2%	87.2%
Os três Estados	42,450.34	739,989.02$ 8,302,667.39		77.3%	91.5%	93.6%
% dos 3 estados	77.3%	91.5%	93.6%			
II) Produção de maçãs (todos os tipos de tecnologia, irrigação, todas as variedades, mercado interno + mercado externo).						
Nacional	41,391.68	738,974.65	$8,314,048	75.3%	91.4%	93.7%
Durango	4,372.98	5,420.44$86	,388	8.0%	0.7%	1.0%
Coahuila	4,392.00	38,846.21	$431,589	8.0%	4.8%	4.9%
Chihuahua	31,248.29	687,508.25	$7,728,442	56.9%	85.0%	87.1%
Os três Estados	40,013.27	731,774.90	$8,246,419	72.8%	90.5%	93.0%
% dos 3 estados	96.7%	99.0%	99.2%			
III) Produção de maçãs (todos os tipos de tecnologia, irrigação, variedade RED DELICIOUS, mercado mercado interno+externo). ESTADUAL						
Nacional	13,962.79	239,903.13$2	,909,806	25.4%	29.7%	32.8%
Durango	3,238.23	4,082.42$64	,984	5.9%	0.5%	0.7%
Coahuila	460.00	3,726.00	$40,285	0.8%	0.5%	0.5%
Chihuahua	9,964.51	230,451.24$	2,790,505	18.1%	28.5%	31.5%
Os três Estados	13,662.74	238,259.66	$2,895,773	24.9%	29.5%	32.6%
% dos 3 estados	97.9%	99.3%	99.5%			
IV) Produção de maçã (todos os tipos de tecnologia, IRRIGAÇÃO, variedade RED DELICIOUS, mercado interno + mercado externo) Apenas ao nível dos três principais municípios produtores. De Canatlán e Cuahtémoc é campo aberto (CA), não é agricultura protegida (PA), e de Arteaga é						
Canatlan, Durango CA	2,213.00	2,998.00$47	,968	4.0%	0.4%	0.5%
Arteaga, Coahuila AP	460	3,726.00	$40,285	0.8%	0.5%	0.5%
Cuauhtemoc, Chihuahua	5,344.30	124,703.20	$1,428,382	9.7%	15.4%	16.1%
Os três municípios	8,017.30	131,427.20	$1,516,634	14.6%	16.2%	17.1%
% dos 3 estados	14.6%	16.2%	17.1%			

Fonte: Elaboração própria, com base nos dados do SIAP, 2023.

Do ponto de vista do primeiro nível de agregação, a tabela 3 mostra que em 2022 ***a maçã de sequeiro juntamente com a irrigada***, foi colhida em 54.949,96 ha, dos quais foram obtidas 808.906,03 toneladas de maçãs nas suas diferentes variedades, produção que teve um valor no mercado igual a MX$ 8 871.591 mil, observando que destes três números macroeconómicos, o principal estado produtor de maçã foi Chihuahua, que concentrou 57.7% da área nacional colhida, contribuiu com 852 kg de cada tonelada de maçã produzida no México e finalmente contribuiu com MX$ 872 de cada MX$ 1.000 produzidos pela cultura no país, e muito longe seguiu, como segundo estado produtor, o estado de Coahuila, que contribuiu com 10.4% da superfície nacional, contribuiu com 56 kg de cada tonelada de maçã produzida no México e contribuiu com MX$ 53 de cada MX$ 53 de cada MX$ produzido em valor para a cultura a nível nacional; Durango, embora fosse o terceiro principal Estado produtor de maçãs no México, ficou muito atrás de Chihuahua em termos percentuais, uma vez que, com base nos valores da superfície colhida, da produção e do valor mencionados no início do parágrafo, concentrou 9.2% da superfície nacional de maçãs colhidas, 8 em cada 1000 kg de maçãs do México foram produzidos em Durango e, finalmente, em cada MX$1000 de valor produzido pela cultura, contribuiu com MX$11.

A um nível de agregação inferior ao indicado no parágrafo anterior, o segundo nível de agregação, caracterizado por ser apenas ***a produção de maçã em regime de regadio,*** mas ainda assim ao nível de todas as variedades de maçã produzidas, observa-se no quadro 3, que a nível nacional foram extraídos 41.301.68 hectares (equivalente a 75,3% da superfície nacional indicada no parágrafo anterior), dos quais foi extraída uma produção de 738.974,65 toneladas (91,4% da produção nacional indicada no parágrafo anterior) com um valor de mercado de MX$8.314.048 mil (93,7% do valor nacional indicado no nível de agregação 1). Neste segundo nível de agregação, o estado de Chihuahua continua a ser o principal estado produtor de maçãs em regime de regadio, pois representou 56,9%, 85% e 87,1% da superfície nacional colhida, da produção nacional e do valor nacional da cultura indicados no nível 1 de agregação; Coahuila continuou a ocupar o segundo lugar como estado produtor de maçãs, mas agora apenas em regime de regadio e já não incluindo o sequeiro, pois representou 8.0%, 4,8% e 4,9%, respetivamente, da superfície, da produção e do valor da produção a nível nacional indicados no nível de agregação 1; a maçã de regadio em Durango representou 8,0% da superfície nacional colhida, mas a sua produção representou apenas 0,7% da produção nacional e o valor desta maçã de regadio representou apenas 1% do valor da produção nacional.

No terceiro nível de agregação do Quadro 3, caracterizado por ser apenas a ***variedade de maçã Red Delicious de regadio a nível estadual,*** (ou seja, as restantes variedades de maçã já não foram incluídas como nos dois primeiros níveis de agregação) apurou-se que a nível nacional foram colhidos 13.962,79 ha de maçã Red Delicious, uma área que produziu 239.903.13 toneladas, que teve um valor de MX2 909 805 mil, o que em relação aos valores correspondentes do nível 1 de agregação (todas as variedades, sequeiro e regadio) representou 25,4%, 29,7% e 32.8%, respetivamente, ou seja, de toda a superfície nacional colhida em todas as variedades de maçã, tanto em regadio como em sequeiro, a maçã Red Delicious ocupou pouco mais de um quarto da superfície, gerou quase um terço (29,7%) da produção e contribuiu com um terço (32,8%) de cada peso de valor que a cultura produziu a nível nacional. Mais uma vez, o Estado de Chihuahua continuou a ser o principal produtor de maçãs Red Delicious, uma vez que esta variedade ocupou 18,1% da superfície nacional da cultura, representou 28,5% da produção nacional global e contribuiu com 31,5 cêntimos de cada peso de valor produzido pela cultura a nível nacional, mas Coahuila deixou de ser o segundo e passou a ser o terceiro Estado produtor, uma vez que Durango contribuiu mais do que Coahuila para a produção nacional. A variedade Red Delicious de Durango representava 5,8% da superfície nacional de maçãs colhidas (a Red Delicious de Coahuila apenas 0,8%), contribuía com 0,5% da produção nacional (o mesmo que Coahuila), mas em termos de contribuição para o valor gerado pela Red Delicious em relação aos valores do nível 1 de agregação, a maçã Red Delicious de Durango representava MX$7 em cada MX$1000 e a de Coahuila apenas MX$5.

O quarto nível de agregação no quadro 3 é já ao nível dos três principais municípios destes três principais estados produtores de ***maçãs Red Delicious em regadio***. Assim, observa-se que Cuauhtémoc foi o principal município do estado de Chihuahua, com 8.017,30 ha colhidos de maçãs Red Delicious ao ar livre (não houve produção em agricultura protegida), dos quais 124.703.20 toneladas com um valor de MX$1.428.382 mil, enquanto Coahuila colheu esta variedade de maçã no município de Arteaga, onde 460 ha foram colhidos em agricultura protegida (sem campo aberto) produzindo 3.726 toneladas com um valor de MX$40.285 mil, Ao mesmo tempo, em Durango, o principal município produtor de maçã Red Delicious foi Canatlán (campo aberto, sem produção em agricultura protegida), com 2.213 ha, que produziram 2.998 toneladas com um valor de mercado de MX$47.968 mil. Quem foi o segundo e o terceiro maior município produtor (Arteaga ou Canatlán) depende de se decidir ver isso a partir da área colhida (onde Canatlán seria o segundo e Arteaga o terceiro), ou a partir da perspetiva da produção (onde Arteaga seria o segundo maior produtor e Canatlán o terceiro) ou a partir da perspetiva do valor gerado (novamente Canatlán seria o segundo e Arteaga o terceiro), ver Tabela 3.

No mesmo quarto nível de agregação, os três concelhos produtores de maçã Red Delicious de regadio representaram, no seu conjunto, 14,6% da área colhida de maçã a nível nacional (todas as variedades de regadio e sequeiro), tendo a maçã Red Delicious destes três concelhos contribuído com 16,2% da produção nacional e 17,1% do valor gerado pela cultura da maçã, o que sugere que a variedade de maçã Red Delicious foi a principal variedade de maçã entre as treze variedades registadas pelo SIAP no seu portal do Anuário Estatístico da Produção Agrícola.

3.3 Pegada hídrica através dos índices de produtividade e eficiência hídrica utilizados na produção de diferentes culturas .

O facto de a palavra "maçã Red Delicious" aparecer no título deste trabalho parece sugerir que o objetivo deste estudo é estudar a variedade de maçã Red Delicious, e a verdade é que não é esse o caso; este trabalho é realmente sobre a forma como é utilizado um recurso infinitamente escasso na Terra: a água doce disponível, cristalizando a utilização deste recurso escasso num número infinito de possibilidades em que a água poderia ser utilizada: A produção de maçã Red Delicious em três estados do norte do México no ano agrícola de 2022, para que, uma vez que tenhamos índices sobre a utilização da variedade de maçã Red Delicious nessa região geográfica e nesse momento específico, possamos utilizá-los contrastando-os com outras actividades humanas em que a água é utilizada, Desta forma, teremos elementos de clareza que indicarão de forma concreta onde a água é utilizada de forma mais eficiente e produtiva, para que, se possível, possamos atribuir este recurso escasso, a água, às actividades onde é utilizada da melhor forma possível, afim de contribuir para a sustentabilidade e gerar a base para que a água doce esteja disponível para as gerações futuras.

A pegada hídrica é um conceito criado no início deste milénio. [10] O conceito de "pegada hídrica" foi criado em 2002 por Arjen Hoekstra no Instituto UNESCO-IHE para a Educação sobre a Água. [11] O conceito foi posteriormente aperfeiçoado e melhorado na sua metodologia de cálculo e contabilização através de uma série de publicações de Ashok Kumar Chapagain e Arjen Hoekstra (2004) no Instituto de Educação UNESCO-IHE.

Em princípio, a pegada hídrica tem por objetivo estimar a quantidade de água utilizada na produção de um bem em condições específicas, como o local, o tempo e o sistema de produção. Os autores da pegada hídrica classificaram-na de acordo com a origem da água utilizada na sua produção. [12][13]A pegada hídrica é um indicador ambiental que serve para determinar a quantidade de água que custa fabricar um produto, ***é medida em unidades de volume por produto fabricado*** e é composta por três tipos diferentes de água, dependendo da fonte de onde a água vem, que de acordo com Zarza (2023) são definidos da seguinte forma :

1) "Pegada hídrica azul: A pegada hídrica azul é um indicador da utilização consumptiva da chamada "água azul", ou seja, água doce de superfície ou subterrânea. Ou, por outras palavras, o volume de água doce consumido a partir de águas superficiais (rios, lagos e

---

[10] **Hoekstra, A.Y. (2003)** Virtual water trade: Proceedings of the International Expert Meeting on Virtual Water Trade, Value of Water. Série de relatórios de investigação n.º 12, IHE Delft, Países Baixos.

[11] **Chapagain, A. K. e Hoekstra A.Y. 2004.** Water Footprints of Nations (Pegadas Hídricas das Nações). Volume 1: Relatório principal. Série de relatórios de investigação n.º 16.

[12] Como se verá adiante, quando a HH é medida desta forma, em unidades de volume de água por unidade de produto, torna-se um indicador da eficiência da utilização da água.

[13] **Zarza, Laura F. 2023**. Diferença entre a pegada azul, a pegada verde e a pegada cinzenta. Disponível em: https://www.iagua.es/respuestas/diferencia-huella-azul-huella-verde-y-huella-gris

reservatórios) e subterrâneas (aquíferos)".

2) "Pegada hídrica verde": A pegada hídrica verde é um indicador da utilização humana da chamada água verde, que se refere à precipitação na terra que não é transformada em escoamento ou água subterrânea, mas é armazenada no solo ou permanece temporariamente na superfície do solo ou da vegetação. Por outras palavras, tem em conta a evaporação que ocorre durante os processos.

3) "Pegada hídrica cinzenta: A pegada hídrica cinzenta é definida como o volume de água doce necessário para assimilar a carga poluente com base nas concentrações em condições naturais e nas normas de qualidade ambiental da água ou na legislação em vigor; em suma, a água que é poluída em resultado dos processos".

O quadro 4 mostra a pegada hídrica (PH) média global de alguns produtos, onde se pode ver que as maçãs têm uma PH de 70 litros de água por 100 gramas de maçã, ou seja, um kg de maçã tem uma PH de 700 litros.

Quadro 4: Pegada hídrica média global de produtos agrícolas, pecuários e industriais selecionados.

Produto	Conteúdo virtual de água (litros)	Produto	Teor de água virtual (litros)
1 copo de cerveja	75	1 copo de vinho (125 ml)	
1 copo de leite (200 ml)	200	1 copo de sumo de maçã (200 ml)	190
1 chávena de café (125 ml)	140	1 copo de sumo de laranja (200 ml)	170
1 chávena de chá (250 ml)	35	1 saco de batatas fritas de pacote (200 g)	185
1 fatia de pão (30 g)	40	1 ovo (40 g)	135
1 fatia de pão com queijo (10 g)	90	1 hambúrguer (150 g)	2400
1 batata (100 g)	25	1 tomate (70 gr)	
1 maçã (100 g)	70	1 laranja (100 g)	50
1 T-shirt de algodão (tamanho médio 500 g)	4100	1 par de sapatos (couro de bovino)	8000
1 folha de papel A4 (80 g/m^2)	10	1 microchip (2 g)	

Fonte: Chapagain, A. K. e Hoekstra A. Y. 2004. Water Footprints of Nations (Pegadas Hídricas das Nações). Volume 1: Relatório principal. Série de Relatórios de Investigação N.º 16

A Tabela 4 mostra que, no caso do leite, que embora não seja explicitamente indicado, se refere ao leite bovino, a pegada hídrica é de 200 litros de água por 200 ml de leite, o que equivale a 1000 litros de água por litro de leite; no entanto, como mencionado acima, a PSA é uma variável dependente, que depende do tempo, entre outras coisas, [143]Assim, por exemplo, com base em Mekonnen e Hoekstra (2012), o HH do leite de gado de pasto é de 1,191 m de água por tonelada de leite (equivalente a 1,231 litros de água por litro de leite se a densidade do leite for de 1.[3]034 kg por litro), enquanto nos sistemas de produção mistos, ou seja, que combinam o pastoreio com o alojamento industrializado, o HH desce para 956 m/litro de leite.

Uma vez que o HH depende principalmente de duas variáveis independentes, o volume de água "V" utilizado na produção e a quantidade de produto "Q" obtida com esse volume de água, o HH pode então ser expresso, em primeiro lugar, como Zarza (2023 *Op. Cit.*[3]) acima referido, como um quociente em que no numerador está o volume "V" de água utilizado na produção enquanto que no denominador está a quantidade de produto "Q" conseguido com esse volume de água, assim, o HH seria medido com as unidades de m por unidade de produto, no entanto, essas mesmas duas variáveis, "V" e "Q" quando invertidas no quociente, de forma que agora "Q" vai no numerador e "V" no denominador, permite gerar um número índice que mede a produtividade com que a água é utilizada na produção, pois seria medida com as unidades de produto "Q" obtidas por unidade de volume "V" de água utilizada na produção.

---

[14] **Mekonnen, M. M. & Hoekstra, A, Y. 2012.** A global Assesment of the wáter footprint of farm animal products (Avaliação global da pegada hídrica dos produtos de origem animal). Ecosystems (2012) 15:401-415. DOI:10.1007/s10021-011-9517-8

[151617]Assim, com base no exposto, Rios e colaboradores (2015 , 2016 , 2018), determinaram que a HH pode ser medida por um índice de eficiência (HH = V/Q) ou por um índice de produtividade (HH=Q/V), que, apesar de serem utilizadas as mesmas duas variáveis independentes, cada índice tem uma conotação diferente, a conotação de cada índice é diferente, uma vez que o primeiro avalia a quantidade de água utilizada por unidade de um bem, por exemplo, 700 litros de água por kg de maçã, enquanto o segundo índice estaria a determinar a produtividade da água, neste caso 1.[318]4285 kg por m de água .

Note-se que "Q" pode assumir três formas:

1) ***Físico*** (em toneladas, kg, lbs, etc.)

2) ***Económico*** (em unidades monetárias de rendimento ou lucro). lucro)

3) ***Social*** (número de empregos gerados)

Assim, com base no exposto, Ríos et al., 2015 *Op. Cit.*, 2016 *Op. Cit.* e 2018 *Op. Cit. determinaram os seguintes dois modelos gerais* para estimar o WH através de índices de produtividade ou da eficiência com que a água é utilizada na produção:

quantidade de "Q" (físico, económico ou social)

[15] **Rios-Flores, J. Luis, Torres M., Miriam, Castro F., Rafael, Torres M., M.A. Ruiz T. José. 2015 a**. Determinação da pegada hídrica azul em culturas forrageiras na DR-017 Comarca Lagunera, México. Rev. FCA UNCUYO, 2015. 47(1): 101-122, ISSN impresso 0370-4661. ISSN (ohe) 1853-8665, pp.93-107. Mendoza, Argentina

[16] **Rios-Flores, José Luis, Torres M. M. e Torres M., M. A. (2016 a)**. Produtividade da água agrícola em nogueira pecan no norte do México. Casos: Comarca Lagunera e Delicias, Chihuahua. ISBN978-3-639-80166-8. Editorial Académica Española. Saarbrucken, Alemanha.

[17] **Ríos-Flores, José Luis, Rios Arredondo, Becky Elizabeth, Cantú Brito, Jesús Enrique, Rios Arredondo, Hebrián Efraín, Armendáriz Erives, Sigifredo, Chávez Rivero, José Antonio, Navarrete Molina, Cayetano & Castro Franco, Rafael (2018)**. Análise da eficiência física, econômica e social da água na mesa de espargos (*Asparagus officinalis L.)* e uvas (*Vitis* vinifera) do DR-037 Altar-Pitiquito-Caborca, Sonora, México 2018. *Revista de la Facultad de Ciencias Agrarias. Universidade Nacional de Cuyo*, 50(2). ISSN na versão impressa 0370-4661, ISSN (online) 1853-8665. Mendoza, Argentina.

[1833]1 kg por 1 m dividido por 0,7 m = 1,4285 kg m^{-3}

$$Produtividade = \text{---}\quad \textbf{Equação 1.}$$

$$\text{volume "V" de água utilizada na produção}$$

Desta forma, as equações 1 e 2, ao expressarem concretamente "Q" em unidades físicas, económicas ou sociais, gerarão as seis equações indicadas na tabela 6 da secção de materiais e métodos, onde teremos três equações de produtividade física, económica e social da água (PFA, PEA e PSA respetivamente), bem como três equações de eficiência física, económica e social da água (EFA, EEA e ESA respetivamente).

3.3.1 Produtividade e eficiência *eficiência* da água utilizada na produção.

O Quadro 5 contém os índices físicos, económicos e sociais da pegada hídrica para diferentes produtos agrícolas, principalmente para o estado de Chihuahua, mas também para duas outras regiões geográficas. [3333]É apresentado por indicadores de ***eficiência*** da água utilizada na produção (em m / kg, m / USD de lucro e m / emprego para a eficiência física da água "EFA", a eficiência económica da água "EEA" e a eficiência social da água "ESA", respetivamente) e de ***produtividade*** da água utilizada na produção (em kg / m , [33]USD lucro / m e empregos / hm , para a produtividade física da água "PFA", para a produtividade económica da água "PEA" e para a produtividade social da água "PSA", respetivamente).

Tabela 5: Pegada hídrica através dos índices de produtividade e eficiência da água utilizada na produção de alguns produtos agrícolas. A azul e vermelho os produtos com menor e maior produtividade e eficiência. A castanho para a PFA e a EFA, a amarelo para a PEA e a EEA e a verde para a PES e a ESA.

			HH por Índice de Produtividade de água			HH pelo Índice de Eficiência do água		
Cultivo	Localização	Fonte	PFA (kg/ m^3)	PAA (USD/m^3)	PSA (Empregos / hm^3)	EFA (m^3 /kg)	EEE (m^3 /lucro em USD	AEE (m^3/[illegible])
Apple MT (todos os variedades)	Chihuahua	Gamboa, Rios e Ros, 2022	2.28	$0.620		0.439	1.613	29,412
Nogueira MT	Chihuahua	Gamboa *et al, 2022*	0.15	$0.130		6.667	7.692	111,111
Granada	Chihuahua	Rios, Hernández e Azpilcueta, 2022	1.61	$0.903	40.8	0.621	1.108	24,510
Amendoim	Chihuahua	Amaya, Rios e Chávez, 2021	0.732	$0.187	18.9	1.366	5.361	52,910
Blackberry	Michoacán	Rios, Hernandez e Chavez, 2021	1.44	$2 .170	111.46	0.694	0.461	8,972
Morango	Michoacán	Rios, Hernandez e Chavez, 2021	8.17	$3.590	77.42	0.122	0.279	12,917
0,213 Litros de leite/ Leite de vaca	Chihuahua	Rios, Rios e Rios, 2019	m^3= 0,220 kg de leite/m^3	$0.005		4.545	222.222	
Algodão	Chihuahua	Rios, Pizarro e Galván, 2021	0.358	$0.057	11.63	2.790	17.536	85,985
Melancia	La Laguna, México	Armendáriz, Rios e Rodríguez, 2021	14.39	$0.560	58	0.069	1.786	17,241

Fonte: Elaboração própria, com base nos valores comunicados pelos autores. Nota: No caso da ADP, alguns autores referiram o lucro em USD por hm^3 de água, normalizado para USD por m^3 após divisão por um milhão.

[3319]A partir dessa fonte, tabela 5, observa-se que o índice AFP (em kg / m) oscila notoriamente dependendo do produto, variando desde o menor AFP com 0,15 kg /m no caso da castanha MT (uso médio de tecnologia) produzida no estado de Chihuahua de acordo com Gamboa, Rios e Rios (2022) até a maior cultura AFP com um índice de 14.[320]39 kg /m na melancia produzida em La Laguna, México, de acordo com Armendáriz, Rios e Rodríguez (2012) , observando que a segunda e terceira culturas mais produtivas fisicamente em termos de uso da água na produção foram o morango de Michoacán com 8.[33]17 kg / m de acordo com Rios, Hernández e Chávez (2021), e em terceiro lugar a maçã MT, em geral, ou seja, sem dividir a produção entre as diferentes variedades de maçã produzidas em Chihuahua, com um índice de 2,28 kg / m de acordo com Gamboa, Rios e Rios (2022, *Op. Cit)*.

[3211]Entre os menos produtivos, de acordo com a tabela 5, após a noz já mencionada, estavam o leite bovino de Chihuahua com 0,220 kg / m determinado por Rios, Rios e Rios (2019) , e o algodão de Chihuahua com um índice de 0.[322]358 kg / m de acordo com Rios, Pizarro e Galván (2021) , e intermediárias a esses extremos de produtividade hídrica mínima e máxima foram as culturas, todas do estado de Chihuahua: romã (1.[33233]61 kg / m , de acordo com Rios, Hernández e Azpilcueta,

[19] **Gamboa, Narvaéz Mirella; Rios-Flores, Jose Luis; Rios-Arredondo Becky Elizabeth. 2022**. Eficiência e produtividade da água utilizada na produção de noz-pecã (*Carya illinoensis*) versus maçã (*Malus domestica*) em Chihuahua, México. Editorial Académica Española. ISBN 978603887532. Berlim, Alemanha.

[20] **Armandáriz, Erives Sigifredo; Rios-Flores, J. Luis; Rodriguez Santiago Yesenia. 2021**. Rentabilité et utilisation de l'eau dans la culture de la pastèque (*Citrillus lanatus L.*) goutte à goutte à La Laguna, Mexique. EDIÇÕES NOTRE SAVOR. ISBN 9786203473803. Riga, Letónia

[21] **Rios-Flores, José Luis; Rios-Arredondo, Becky Elizabeth e Rios-Arredondo, Hebrián Efraín. 2019**. Pegadas hídricas físicas e económicas do leite bovino de Delicias, Chihuahua, México. Editorial Académica Española. ISBN 9786200025180. Berlim, Alemanha.

[22] **Rios-Flores, José Luis; Pizarro, Quezada Alejandro and Galván, Cervantes Raúl V. 2021**.Wassersparende landwirtschaftliche Muster mit Hilfe des Wasser-Fuβabdrucks fall von DR005 Delicias, Chihuahua. Verlag Unser Wissen ISBN9786204117300. Berlim, Alemanha

[23] **Rios-Flores, José Luis; Hernández, Ibarra Gonzalo e Chávez, Rivero José Antonio. 2021.** Produtividade económica da água em amora-preta (*Rubus spp. L.*) e morango (*Fragaria vesca L.*): O caso do Distrito de Irrigação 061 em Zamora. PUBLICAÇÃO NOSSO CONHECIMENTO.

2022), amora (1,44 kg m , de acordo com Rios, Hernández e Chávez. 2021 *Op. Cit.*) e amendoim (0,732 kg / m , de acordo com Amaya, Rios e Chávez, 2021).[24]

[333]Como o inverso do índice de produtividade física da água, a eficiência física da água (em m / kg) mostra a mesma ordem que acima para os extremos de PFA mínimo e máximo, assim, as culturas com eficiência mínima e máxima de água utilizada na produção foram a noz MT acima mencionada (produzida sob condições de uso médio da tecnologia "MT") de Chihuahua e a melancia de La Laguna, com índices EFA da ordem de 0,069 m /kg e 6,667 m /kg respetivamente. Por outras palavras, a produção de um kg de biomassa necessitou apenas de 69 litros de água no caso da melancia, enquanto o mesmo kg de biomassa, mas sob a forma de castanha MT de Chihuahua, necessitou de 6.667 litros de água. Entre estas, encontram-se as outras culturas enumeradas no quadro 5.

3.3.2 A produtividade e a eficiência *económica* da água utilizada na produção.

[333]O Quadro 6, na sua parte dedicada à produtividade económica e à eficiência da água utilizada na produção, reflecte-se nas variáveis EAP (produtividade económica da água) e EEA (eficiência económica da água), a primeira, a EAP, medida pelas unidades USD lucro/m , abreviadamente designada por USD/m , e a segunda, a EEA, medida pelas unidades de como m /USD.

Em termos de produtividade hídrica, à primeira vista, verifica-se que não houve a mesma ordem que na produtividade física da água, uma vez que os extremos de ADP mínimo e máximo não foram as mesmas

ISBN9786203189537. Berlim, Alemanha

[24] **Amaya, Lona Victor Manuel; Rios-Flores, José Luis e Chávez, Rivero José Antonio. 2021.** Efectywnosc wykorzystania wody w produkcji orzeszków ziemnuch (*Arachis hipogaea L.*) w Chihuahua. WYDAWNICTWO NASZA WIEDZA. ISBN 9786203316445 Riga, Letónia.

culturas, [25][26]uma vez que na PFA as culturas mínima e máxima da PFA foram, respetivamente, a noz MT de Chihuahua e a melancia de La Laguna, enquanto na PDA as culturas mínima e máxima da PDA foram, respetivamente, o leite bovino de Delicias , Chihuahua e o morango de Michoacán, como mostram os seus números-índice: 0.[3]005 e 3,590 USD/m, respetivamente (ver quadro 5).

As restantes culturas ficaram com índices EAP intermédios aos índices indicados para o leite de bovino e para o morango no parágrafo anterior, pelo que, partindo da segunda cultura com menor EAP para a segunda com maior EAP, temos o algodão (com 0.[32728 329 330 331] 057 USD/m), noz pecan (com 0,130 USD/m), amendoim (com 0,187 USD/m), melancia (com 0,560 USD/m), romã (com 0.[332 333] 903 USD/m), a maçã genérica MT (não separada por variedades, com 0,620 USD/m), e a amora foi a segunda cultura com maior ADP, com 2,170 USD/m[3]

[3435] [3]Analisando agora a AEA (eficiência económica da água), como a função de eficiência é uma função inversa da função de produtividade,

---

[25] **Rios-Flores, José Luis; Rios-Arredondo, Becky Elizabeth e Rios-Arredondo, Hebrián Efraín. 2019.** ***Op. cit.***
[26] **Rios-Flores, José Luis; Hernández, Ibarra Gonzalo e Chávez, Rivero José Antonio. 2021.** ***Op. cit.***
[27] **Rios-Flores, José Luis; Pizarro, Quezada Alejandro e Galván, Cervantes Raúl V. 2021.** ***Op. cit.***
[28] ***Gamboa, Narvaéz Mirella; Rios-Flores, Jose Luis; Rios-Arredondo Becky Elizabeth. 2022. Op. cit.***
[29] **Amaya, Lona Victor Manuel; Rios-Flores, José Luis e Chávez, Rivero José Antonio. 2021.. Op. cit.**
[30] **Armandáriz, Erives Sigifredo; Rios-Flores, J. Luis; Rodríguez Santiago Yesenia. 2021**.. Op. cit.
[31] **Rios-Flores José Luis, Hernández Ibarra Gonzalo e Azpilcueta Ruiz-Esparza Manuel De Jesus. 2021.** Economia agricolo.ambientale dell'acqua utilizzata sulla produzione commerciale di melograno (*Punica granatum L.*) EDIZIONI SAPIENZA. ISBN 9786205168288. Berlino, Germania.
[32] ***Gamboa, Narvaéz Mirella; Rios-Flores, Jose Luis; Rios-Arredondo Becky Elizabeth. 2022. Op. cit.***
[33] **Rios-Flores, José Luis; Hernández, Ibarra Gonzalo e Chávez, Rivero José Antonio. 2021.** ***Op. cit.***
[34] **Rios-Flores, José Luis; Rios-Arredondo, Becky Elizabeth e Rios-Arredondo, Hebrián Efraín. 2019.** ***Op. cit.***
[35] **Rios-Flores, José Luis; Hernández, Ibarra Gonzalo e Chávez, Rivero José Antonio. 2021.** ***Op. cit.***

necessariamente, tivemos a mesma ordem de culturas com produtividade económica mínima e máxima indicada dois parágrafos antes: ou seja, na AEA os produtos com AEA mínima e máxima foram o leite bovino de Delicias, Chihuahua e a cultura do morango de Michoacán, respetivamente, como mostram os seus números-índice de AEA: 222,222 e 0,279 m / USD e lucro, respetivamente. Há uma diferença muito notável, observada em litros de água por dólar de lucro, de 222,222 litros de água investidos para produzir um dólar de lucro na produção de leite bovino para apenas 279 litros de água no caso dos morangos, ou seja, produzir um dólar de lucro na produção de leite bovino tem um custo em termos de investimento de água utilizada na produção igual a 798 vezes o mesmo volume de água utilizado pela cultura do morango (ver quadro 5).

[36]As demais culturas da Tabela 5 apresentaram um IAF intermediário aos indicados como IAF mínimo (leite bovino) e IAF máximo (morango), pois apresentaram índices de IAF intermediários aos índices indicados para o leite bovino e para o morango, seguindo a mesma lógica descritiva utilizada na análise das culturas intermediárias da PEA, partindo da segunda cultura com IAF mínimo para a segunda com IAF máximo, tivemos a cultura do algodão (com 17.[337 338 339 340] 536 m /USD de lucro), a noz pecan (com 7,692 m /USD de lucro), o amendoim (com 5,361 m /USD de lucro), a melancia (com 1,786 m /USD de lucro), a

[36] **Rios-Flores, José Luis; Pizarro, Quezada Alejandro e Galván, Cervantes Raúl V. 2021. *Op. cit.***
[37] ***Gamboa, Narvaéz Mirella; Rios-Flores, Jose Luis; Rios-Arredondo Becky Elizabeth. 2022. Op. cit.***
[38] **Amaya,**
[38] **Amaya, Lona Victor Manuel; Rios-Flores, José Luis e Chávez, Rivero José Antonio. 2021.. Op. cit.**
[39] **Armandáriz, Erives Sigifredo; Rios-Flores, J. Luis; Rodríguez Santiago Yesenia. 2021**.. Op. cit.
[40] ***Gamboa, Narvaéz Mirella; Rios-Flores, Jose Luis; Rios-Arredondo Becky Elizabeth. 2022. Op. cit.***

maçã genérica MT (não separada por variedades, com 1.[341] [342] [3]613 m /USD), a romã (com 1,108 m /USD de lucro), e a amora foi a segunda maior cultura FSS com 0,461 m /USD de lucro.

3.3.3 Produtividade e eficiência *eficiência* da água utilizada na produção.

Embora, em geral, os produtos extremos de produtividade mínima e máxima fossem diferentes para ambas as culturas, a produtividade e a eficiência mínimas e máximas, vistas a um nível particular, se olharmos para a questão de saber se houve apenas uma cultura que concentrou a produtividade e a eficiência mínimas nos seus três aspectos, físico, económico e social, podemos ver que a resposta é a cultura da nogueira, Diz-se "quase" porque só em termos de produtividade e eficiência económica não foi a pior cultura, mas em termos físicos foi a que exigiu mais água para produzir um kg de biomassa, em termos económicos foi a que utilizou mais água para produzir um USD de lucro. O mesmo não se verificou em relação a uma cultura ser a melhor em termos físicos, económicos e sociais em termos de utilização de água na produção, uma vez que havia três culturas diferentes.

[43] [3]A produtividade social da água "WSP" utilizada na produção agrícola, como já foi referido, foi medida no Quadro 5, pelos postos de trabalho gerados associados à utilização de um hectómetro cúbico de água (ou seja, um milhão de metros cúbicos de água, normalmente medidos em

---

[41] **Rios-Flores José Luis, Hernández Ibarra Gonzalo e Azpilcueta Ruiz-Esparza Manuel De Jesus. 2021. *Op. cit.***

[42] **Rios-Flores, José Luis; Hernández, Ibarra Gonzalo e Chávez, Rivero José Antonio. 2021. *Op. cit.***

[43][2]A água utilizada na produção, *por si só*, não gera emprego, mas, como cada cultura tem uma necessidade específica de água a nível comercial (esse volume de água é igual à multiplicação dos 10 mil m de um hectare pela lâmina de irrigação habitual da cultura à escala comercial), bem como uma necessidade específica de mão de obra (medida em dias por hectare), a água utilizada na produção está associada à geração de diferentes quantidades de emprego em cada cultura.

grandes reservatórios de água), abreviados como postos de trabalho /hm , e a eficiência social da água "SWE", medida como o número de metros cúbicos de água que foram associados à geração de um emprego, na tabela 5, indica que as culturas no estado de Chihuahua, começando pela cultura com WSP e SWE máximos, e indo na direção da cultura com WSP e SWE mínimos, tiveram a seguinte ordem amora (com 111.[3344] 5 E/hm e 8,972 m /trabalho respetivamente a PSA e ESA) morango (com 77.[3345] [3346] [3347] [3348] 42 trabalhos/hm e 12.972 m /trabalho) , melancia (com 58 trabalhos/hm e 17.241 m /trabalho) , romã (com 408 trabalhos/hm e 24.510 m /trabalho) , maçã genérica MT (com 34 trabalhos/hm e 29.412 m /trabalho) , amendoim (com 18.[3349] [3350] [33]9 postos/hm e 52.910 m /emprego) , algodão (com 11,63 postos/hm e 85.985 m /emprego) e noz MT (com 9 postos/hm e 111.111 m /emprego)[51]

É de notar que nos três tipos de eficiência e produtividade da água, ou seja, em termos físicos, económicos e sociais, existe uma variação acentuada, o que pode necessariamente levantar a questão de saber por que razão existe uma diferença tão grande entre a produtividade e a eficiência da água utilizada na produção, a resposta é dada pelas variáveis independentes "Q" e "V" nas equações 1 e 2.

Dado que "Q" envolve variáveis como o rendimento físico "RF" por hectare, o preço "p" por tonelada, o custo "C" por hectare e, finalmente, a paridade de troca "PC", variáveis que são muito específicas, muito

[44] **Rios, Hernández e Chávez, 2021. *Op. cit.***
[45] **Rios, Hernández e Chávez, 2021. *Op. cit.***
[46] **Armendáriz, Rios e Rodríguez, 2021. *Op. cit.***
[47] **Rios, Hernández e Azpilcueta, 2022**
[48] **Gamboa, Rios e Rios, 2022. *Op. cit.***
[49] **Amaya, Rios e Chávez, 2021. Op. cit.**
[50] **Rios, Pizarro e Galván, 2021.**
[51] **Gamboa, Rios e Rios, 2022. *Op. cit.***

inerentes a cada cultura, basta dizer, a título de exemplo, que se uma cultura tem uma "grande" RF, digamos alfafa, com uma RF de 80 ton/ha e outra tem uma RF de apenas 0.9 ton/ha, isto terá necessariamente um impacto na produtividade física da água, o mesmo acontecendo com "p" e "C", além disso, suponhamos que estamos a contrastar a mesma cultura, suponhamos o tomate vermelho, mas uma é irrigada com água de rega por gravidade e outra com água subterrânea por gotejamento, necessariamente, mesmo que seja a mesma cultura, terão custos diferentes por hectare, e possivelmente até preços diferentes, isto terá necessariamente custos diferentes por hectare, por hectare, e possivelmente até preços diferentes, isto implicará necessariamente uma eficiência económica diferente da água utilizada na produção, por outro lado, a variável "V", ou seja, o volume de água utilizado por hectare, dependerá da lâmina de rega "LR", que é diferente em cada cultura, por exemplo, haverá algumas culturas cuja LR é uma coluna de água de 2.5 metros de altura enquanto que para outra cultura uma LR de 0,5 será suficiente, além disso, mesmo que seja a mesma cultura mas num sistema de rega diferente, se a rega não for muito tecnificada com água irrigada a partir de alguma barragem distante por gravidade, possivelmente o seu índice de eficiência de condução da rede hidráulica "EC" que conduz a água é baixo, digamos 0.5 (ou seja, por cada litro que é libertado na barragem, apenas meio litro dessa água chegará à cultura, pois o resto será "perdido" por evaporação, infiltração, etc.), mas se a fonte de água, a barragem, estiver perto da parcela, mesmo que seja por gravidade, o facto de estar perto fará com que a CE seja superior a 0.5, ou ainda mais, se a cultura for regada com água subterrânea por microaspersão, haverá pouca perda de água e a CE tenderá para a unidade, ou seja, todo o volume de água libertado da fonte de água será utilizado para regar a cultura.

IV. MATERIAIS E MÉTODOS

4.1 Localização da área de estudo

Os três principais estados produtores de maçã do México analisados neste estudo, Chihuahua, Coahuila e Durango, situam-se no norte dos Estados Unidos Mexicanos, considerados como uma única área geográfica conjunta, que faz fronteira com os Estados Unidos da América a norte, a sul com os estados de Nayarit e Zacatecas, a leste com o estado de Nuevo Leon e a oeste com os estados de Sonora e Sinaloa (ver figura 2).

Figura 2: Localização geográfica dos três principais estados produtores de maçã no México: Chihuahua, Coahuila e Durango.

Embora os três principais estados produtores de maçã no México apresentem diferenças em termos de clima, solo, vegetação, etc., na realidade essas diferenças não são tão acentuadas, uma vez que os três estados pertencem à região eco-geográfica denominada Deserto de Chihuahuan, que inclui parte do norte do México, onde se situam Chihuahua, Coahuila e Durango, bem como parte do sul do estado do Texas, nos EUA.

Os três estados são regiões áridas, com baixa pluviosidade, variando de 240 a 600 mm de chuva por ano, e possuem serras de clima frio, onde se localiza a produção de maçãs, onde se encontram várias espécies de carvalhos, pinheiros e abetos.

Os principais municípios produtores de maçãs Red Delicious nos três estados analisados são os municípios de Cuauhtémoc, em Chihuahua, Arteaga, em Coahuila e Canatlán, no estado de Durango.

4.2 Modelos matemáticos utilizados no cálculo da pegada hídrica física, económica e social e as fontes de que foram alimentados

A pegada hídrica nas suas formas física, económica e social será estimada utilizando os modelos matemáticos apresentados na Tabela 6, onde aparecem as equações que permitem estimar a produtividade física (PFA), económica (PEA) e social (PSA) da água utilizada na produção, bem como as equações inversas, que resultam nas funções matemáticas que permitem calcular a eficiência física (EFA), económica (EEA) e social (ESA) da água utilizada na produção. Estes modelos gerados por Ríos *et al* (2015 *Op. Cit.*, 2017 *Op. Cit.* e 2018 *Op. Cit.*) têm sido amplamente utilizados no cálculo da eficiência e produtividade da água em múltiplas culturas, bem como em actividades pecuárias como a produção de leite.

O significado de cada uma das variáveis independentes de que dependem a PFA, a PEA, a PSA (iniciais de Produtividade Física, Económica e Social da Água utilizada na produção), a EFA, a EEA e a ESA (iniciais de Eficiência Física, Económica e Social da Água utilizada na produção), bem como a fonte de onde foram retiradas, são os seguintes

$^{-1}$RFi = Rendimento físico da i-ésima cultura (em ton ha). Onde RF =VBP/P; as fontes de VBP (Valor Bruto da Produção e S = área colhida (em ha) são do SIAP-SADER (2023). "Encerramento agrícola2022 ". Disponível em https://nube.siap.gob.mx/cierreagricola/

LRi = Superfície irrigada da i-ésima cultura (em m). Fonte: INIFAP-INIFAP-CENID-RASPA, 2006[52]

ECi = Eficiência hidráulica motriz da i-ésima cultura. 0 ' EC
1 (Fonte: INIFAP.CENID-RASPA, 2006 *Op. Cit.*).

Si = Superfície colhida da i-ésima cultura (em ha). Fonte: SIAP-SADER (2019). Fonte: SIAP-SADER (2023 *Op. Cit.*).

$^{-1}$pi = Preço do produto da i-ésima cultura (em MX$ tonelada). Onde pi= VBPi/Pi, as fontes de VBP (Valor Bruto da Produção e P = produção física anual (em toneladas) são do SIAP-SADER (2023 *Op. Cit.*). CP = Taxa de câmbio, pesos mexicanos (MX$) por USD. Fonte: Conversor de moeda: disponível em:

[52] **INIFAP-CENID-RASPA. (2006).** *Programa Riego.* [Acedido em 1 de dezembro de 2023]. Disponível em: https://cenidraspa.org/serg/serg_v1.php

https://www.xe.com/es/currencyconverter/convert/?Amount=1&From=USD&To=MXN

$^{-1}$Ci = Custo de produção por hectare da i-ésima cultura (em MX$). Fonte: FIRA (2023, "Agrocostos", disponível em: https://www.fira.gob.mx/Nd/Agrocostos.jsp)

Quadro 6: Modelos matemáticos utilizados para medir a produtividade física (PFA), económica (PEA) e social (PES) da água utilizada na produção.

Variável	Modelo de cultivo individual	Modelo para um agregado de culturas a granel
1. EFA (enY L kg-1)	4-1=10 *LRi*(RFi*ECi)	$y = \frac{10^4 \sum_{i=1}^{n} S_i LR_i (EC_i)^{-1}}{\sum_{i=1}^{n} S_i RF_i}$
2. PFA (kg m3)	Y = 10^{-1} *RFi*ECi*LRi	$y = \frac{10^{-1} \sum_{i=1}^{n} S_i RF_i}{\sum_{i=1}^{n} S_i LR_i (EC_i)^{-1}}$
3. 3 1EEE (m) Ganho em USD)	$y = \frac{10^4 \left(LR_i / EC_i \right)}{RF_i \left(p_i / PC \right) - \left(C_i / PC \right)}$	$y = \frac{10^4 \sum_{i=1}^{n} S_i LR_i (EC_i)^{-1}}{\sum_{i=1}^{n} S_i ((RF_i p_i - C_i)/PC)}$
4. PEA (milhares de USD) ganho hm-3)	$y = 10^2 g_i EC_i (LR_i)^{-1}$	$y = \frac{10^2 \sum_{i=1}^{n} S_i g_i}{\sum_{i=1}^{n} S_i LR_i (EC_i)^{-1}}$
5. PSA (empregos hm-3)	$y = \frac{23 J_i}{72 (LR_i / EC_i)}$	$y = \frac{23 \sum_{i=1}^{n} S_i J_i}{72 \sum_{i=1}^{n} S_i (LR_i / EC_i)}$
6. 3-1 S CE (m emprego)	$y = \frac{2.88 * 10^6 LR_i}{J_i EC_i}$	$y = \left(2.88 * 10^6\right) \frac{\sum_{i=1}^{n} S_i (LR_i / EC_i)}{\sum_{i=1}^{n} S_i J_i}$

Fonte: Elaboração própria, com base em modelos matemáticos que estimam PFA, PEA, PSA, EFA, EEA e ESA para uma cultura individual ou para agregados de culturas de Rios *et al* (2015 a) e Rios *et al* (2018).

gi= Ui = Lucro por hectare da i-ésima cultura (em US\$ ha)-

1) =RFi(pi/PC)-(Ci/PC).

Ji = Número de dias investidos por hectare na i-ésima cultura. Fontes: FIRA (2022, "Agrocost", disponível em:

https://www.fira.gob.mx/Nd/Agrocostos.jsp)

i = i-ésima cultura sob uma forma particular de irrigação (bombeamento, gravidade, irrigação por gotejamento, irrigação por aspersão, etc.).

288 = Número de dias de trabalho por ano por trabalhador = 6 dias de trabalho por semana, vezes 48 semanas por ano.

4.3 Delimitação geográfica e significado das abreviaturas

Os dados sobre a área colhida, a produção "Q", o VBP, o rendimento físico por hectare "RF" e o preço médio rural por tonelada da cultivar de maçã vermelha Red Delicious, considerados neste estudo, provêm do SIAP-SADER, 2023 (*Op. Cit.*).

^{3}B de M: Banco de México m: metro cúbico

^{3}hm = hectómetro cúbico = um milhão de metros cúbicos USD: dólar americano

MUSD: Milhões de dólares americanos MX$: Peso mexicano

VBP : Valor bruto da produção (em MX$) = Q(PMR) Q : Produção física anual (toneladas)

$^{-1}$PMR: Preço médio rural (em MX$ por tonelada) RF: Rendimento físico por hectare (em ton ha)

RB/C: Rácio benefício-custo (= receita por hectare/custo por hectare)

PFA = Produtividade física da água utilizada na produção

EFA = Eficiência física da água utilizada na produção PEA =

Produtividade económica da água utilizada na produção

EEE = Eficiência económica da água utilizada na produção PSE =

Produtividade social da água utilizada na produção

SWE = Eficiência social da água utilizada na produção

V. RESULTADOS E DISCUSSÃO.

5.1 Resultados: rendibilidade e produtividade e eficiência hídrica da produção de maçã (*Malus domestica)* Red Delicious nos estados de Durango, Coahuila e Chihuahua, México, em 2022.

Com base na tabela 7, que mostra os custos de manutenção de um hectare de macieiras Red Delicious em produção nos estados de Durango, Chihuahua e Coahuila em 2022, existem três tipos de custos, o primeiro, mas não o mais importante, é o custo monetário, o segundo é o custo que indica a quantidade de mão de obra investida, tanto em dias de trabalho por hectare como em empregos equivalentes por hectare, e o terceiro custo, que consideramos o mais importante, é o custo da água, ou seja, a quantidade de água que teve de ser utilizada a nível comercial para efetuar a produção.

Assim, o custo monetário total de produção por hectare da cultura foi de MX$ 95.152ha (equivalente a USD 5.556,51/ha) em Durango, MX$ 219.681/ha (equivalente a USD 12.824,45/ha) em Chihuahua e MX$ 362.094 (equivalente a USD 21.144.79/ha) em Coahuila, com a irrigação, o item de custo mais importante dada a natureza deste estudo, custando MX$ 4.410/ha em Durango, MX$ 13.533/ha em Chihuahua e MX$ 10.080/ha em Coahuila.

O segundo tipo de custo é o do investimento do trabalho. [53] [54]Vale a pena recordar aqui que, segundo Marx (1982), a quantidade de trabalho

---

[53] Marx, Karl. 1982. O Capital. Volume I. FCE, México DF, 1982

[54] David Ricardo. 1959. Princípios de Economia Política e Tributação. Fundo de Cultura Económica. Primeira edição em espanhol. México, DF

socialmente necessário investido numa mercadoria é o que permite a sua equiparação e troca, do mesmo modo que, segundo a teoria do valor de David Ricardo (1982), uma região, uma nação, tenderá a especializar-se e, portanto, a ter vantagens comparativas no comércio internacional, quando a sua mercadoria, em comparação com outras mercadorias semelhantes ou díspares, beneficia de um menor investimento de trabalho por unidade. Assim, a tabela 7 mostra que nos blocos de Durango foram investidos 35 dias de trabalho, enquanto que em Chihuahua e Coahuila foram investidos 138,96 e 198 dias de trabalho, ou seja, 280, 1110,08 e 1584 horas de trabalho por hectare; estas quantidades de mão de obra permitiram, respetivamente, obter a RF (ton/ha) nas localidades analisadas neste trabalho, indicadas na tabela 8, da ordem de 1.355 ton/ha para Canatlán, Durango, 23.344 ton/ha para Cuauhtémoc, Chihuahua e 8.100 ton/ha para Arteaga, Coahuila, pelo que é fácil obter o índice de produtividade do trabalho para a maçã Red Delicious de Durango, Chihuahua e Coahuila: 206,7, 137,0 e 67,9 horas/tonelada, respetivamente.

A terceira rubrica de custos mencionada, que consideramos ser a mais importante, é o volume de água investido na produção à escala comercial. [3]O quadro 7 mostra que em Durango, Chihuahua e Coahuila, respetivamente, foi necessário investir um total de 8, 9 e 9 mil m de água/ha na produção por hectare.

No custo total por hectare, existem duas macro-componentes de custo: os custos de exploração e os outros custos. Os primeiros incluem as rubricas de fertilização, trabalhos culturais, irrigação, controlo de pragas e doenças e colheita, triagem e embalagem, que representam 80, 87 e 87% do custo total, enquanto os outros custos (renda da terra, juros financeiros e depreciação de máquinas e equipamentos) representam o complemento em falta de 20, 13 e 13%, respetivamente, para Durango, Chihuahua e Coahuila. Ver quadro 7. A rubrica irrigação implicou 3, 9 e 9 irrigações, respetivamente em Durango, Chihuahua e Coahuila.

Tabela 7: Custos de produção de manutenção por hectare em maçã irrigada por bombeamento tradicional em Durango e irrigação por gotejamento em Chihuahua e Coahuila.

I.- Custos de funcionamento:								
			Chihuahua				Coahuila	
	Custo/ha	Dias/ha	Custo/ha		Custo/ha	Dias/ha	Custo/ha	Dias/ha
Fertilização	20,	788834	,8311.	5	39,		6189	
Trabalho cultural	21,	520172,	12365.	7666,	700160			
Irrigação 4,	410313	,53310,	0809					
Controlo de pragas, ervas daninhas e doenças	8,	231525	,7081	.	56,466			
Colheita, seleção e acondicionamento	15,	5001835	,00070178,	48020				
Diversos 5,7003	,20010		,000					
marketing 7,00050			,750					
Subtotal: 76,	149191,		395362,		094198			
Outros								
Renda do solo	10,00010		,0003		,000			
Custo financeiro	6,71912		,54441		,005			
subtotal outros custos:	19,00328		,28654		,868			
TOTAL (MX$/ha)	95,152	35	219,681		416,962			198
TOTAL (USD/ha)	5,557		12,828		24,349			
custo da água (MX$/ m³)	0.551		.		501.12			
Volume de água (m³) utilizado por hectare			800090009000					
Paridade peso/dólar americano	17.1245							
empleos/ha0		.121527780.481805560.6875						

Fonte: Banco de México https://www.banxico.org.mx/tipcamb/main.do?page=tip&idioma=sp, data de consulta: 26 de novembro de 2023.

O quadro 8 mostra a rendibilidade da produção de maçãs em regime de regadio, em geral para todas as variedades, bem como, em especial, para a variedade Red Delicious. A parte superior do quadro 8 apresenta os dados macroeconómicos da RF/ha, do preço/tonelada e do rendimento/ha da maçã em geral (todas as variedades, de regadio e de sequeiro, todos os tipos de tecnologia, ou seja, produção em campo aberto e agricultura protegida em rede de sombra, estufa e macro-túnel), mostrando que, a nível nacional, a RF é de 14.721 ton/ha, sendo Chihuahua o estado produtor de maçãs com maior RF, cerca de 21 740 ton/ha, seguido do estado de Coahuila, com 7 866 ton/ha, e ainda mais longe o estado de Durango, com 1 220 ton/ha. Quanto ao preço médio "p" por tonelada, a média nacional foi de MX$ 10.967, mas não foi Chihuahua que teve o melhor preço, com MX$ 11.237, o melhor preço foi em Durango com MX$ 15.420, Coahuila teve um preço intermédio de MX$ 10.382. Assim, enquanto o rendimento "I" por hectare, como equação matemática, é uma variável dependente de RF e p, como se segue: I = RF*p, então é fácil entender porque corresponde ao estado de Chihuahua ter sido o estado com o maior rendimento por hectare, de MX$ 244.304, superior à média nacional de MX$ 161.449/ha, pois embora não tenha gozado do melhor preço/ton, a sua altíssima produtividade física, 21.740 ton/ha, permitiu-lhe usufruir deste elevado rendimento/ha, ao contrário do estado de Durango, que apesar de ter usufruído do melhor preço (MX$ 15.420/ton), este não foi suficiente para contrariar o efeito negativo da sua baixa RF (1.220 ton/ha), pelo que o seu rendimento/ha foi o mais baixo dos três estados. Coahuila ocupou uma posição intermédia, pelo que o seu rendimento de MX$ 81.672/ha foi intermédio ao de Chihuahua e Durango.

Quadro 8: Rentabilidade da cultura da maçã Red Delicious no México

	Tonelada /ha	Preço (MX$/tonelada)	Rendimento (MX$)/ha	Custo (MX$)/ha	Lucro (MX$)/ha	RB/C
I) Produção de maçãs (todos os tipos de tecnologia, irrigação + sazonal, todas as variedades, mercado interno + mercado fora)						
Nacional	14.721	$ 10,967	$161 ,449			
Durango	1.220	$ 15,420	$18 ,809			
Coahuila	7.866	$ 10,382	$81 ,672			
Chihuahua	21.740	$ 11,237	$244 ,304			
Os três Estados	17.432	$ 11,220	$195 ,585			
% dos 3 estados						
II) Produção de maçãs (todos os tipos de tecnologia, IRRIGAÇÃO, TODAS AS VARIEDADES, mercado interno e externo).						
Nacional	17.853	$ 11,251	$ 200,863			
Durango	1.240	$ 15,937	$ 19,755	$ 95,152	-$ 75,398	0.21
Coahuila	8.845	$ 11,110	$ 98,267	$ 416,962	-$ 318,695	0.24
Chihuahua	22.001	$ 11,241	$ 247,324	$ 219,681	$ 27,643	1.13
Os três Estados	18.288	$ 11,269	$ 206,092	$ 227,726	-$ 21,634	0.91
III) Produção de maçã (todos os tipos de tecnologia, IRRIGAÇÃO, VARIEDADE VERMELHA DELICIOSA, mercado interno + mercado externo). A nível do ESTADO						
Nacional	17.182	$ 12,129	$ 208,397			
Durango	1.261	$ 15,918	$ 20,068	$ 95,152	-$ 75,085	0.21
Coahuila	8.100	$ 10,812	$ 87,576	$ 416,962	-$ 329,386	0.21
Chihuahua	23.127	$ 12,109	$ 280,044	$ 219,681	$ 60,363	1.27
Os três Estados	17.439	$ 12,154	$ 211,947	$ 196,808	$ 15,138	1.08
IV) Produção de maçã (todos os tipos de tecnologia (CA=campo aberto; AP=agricultura protegida), IRRIGAÇÃO, variedade RED DELICIOUS, mercado interno+mercado externo). Produção convencional (não biológica) Apenas ao nível das três principais municípios produtores						
Canatlan, Durango CA	1.355	$ 16,000	$ 21,676	$ 95,152	-$ 73,477	0.23
Arteaga, Coahuila AP	8.100	$ 10,812	$ 87,576	$ 416,962	-$ 329,386	0.21
Cuauhtemoc, Chihuahua CA	23.334	$ 11,454	$ 267,272	$ 219,681	$ 47,591	1.22
Os três municípios	16.393	$ 14,714	$ 189,170	$ 196,627	-$ 7,456	0.96

Fonte: Elaboração própria com base nos dados dos quadros 3 e 5.

Fazendo a mesma análise que a anterior para a parte II do quadro 8, onde são apresentados os valores da produção de maçã (todos os tipos de tecnologia, regadio, todas as variedades, para os mercados interno e externo), e olhando apenas para o efeito sobre a rentabilidade, quando se olham para os valores de rendimento/ha e custo/ha, Durango, com um rendimento/ha de MX$ 19.755 e um custo/ha de MX$ 95.152, teve um rácio lucro/custo (RCC) de apenas 0.21, ou seja, apenas 21 cêntimos de cada peso investido nesse tipo de produção de maçãs em 2022 foram recuperados, incorrendo numa perda de 79 cêntimos de cada peso investido, enquanto em Coahuila a situação não foi diferente, uma vez que foram investidos MX$ 416.692/ha, mas apenas teve um rendimento/ha de MX$ 98.267, ou seja, teve um BR/C de 0.A exceção, aparentemente boa, foi Chihuahua, onde o BR/C foi da ordem de 1,13, ou seja, cada peso investido foi recuperado mais um excedente, sob a forma de lucro, de 13 cêntimos por cada peso investido.

[55] E dizia-se que era aparentemente boa, porque, embora a RB/C fosse superior à unidade e superior às de Coahuila e Durango, resta agora saber até que ponto era boa em relação à principal taxa de rentabilidade do mercado: a taxa CETES (Certificados de la Tesorería de la Federación), que se situava em 2022 a um nível anualizado a um ano, em torno de 11,20% , pelo que tinha uma boa RB/C, mas não tão boa.

Sejamos claros: os produtores dessa esfera de produção, com um BR/C de 1,13, enfrentaram todos os problemas concomitantes da produção; seca, chuvas extremas, não reunir as horas de frio necessárias, pragas, greves de trabalhadores, preços baixos, etc., e em troca foram recompensados com um lucro de 13 cêntimos por peso, apenas 1,9

[55] **El País, 2023.** Cetes: o instrumento financeiro que atrai os aforradores em tempos de inflação elevada no México. Última consulta em 9 de fevereiro de 2023. . Disponível em: https://elpais.com/mexico/2023-02-11/cetes-el-instrumento-financiero-que-atrae-ahorradores-en- tiempos-de-alta-inflacion-en-mexico.html.

unidades percentuais acima do CETES.9 unidades percentuais acima dos CETES, ou seja, se tivessem investido o seu dinheiro nos CETES, sem correrem riscos como os inerentes à produção, teriam obtido apenas menos 1,9 unidades percentuais. É tudo uma questão de foco.

A parte III do quadro 8 diz respeito à produção de maçã Red Delicious em regime de regadio em todos os tipos de tecnologia, no mercado interno e no mercado externo, observando-se para Durango e Coahuila uma situação semelhante à indicada no parágrafo anterior, uma vez que a RB/C de Durango e Coahuila foi de 0.21 e 0,21, respetivamente, mas não para a maçã Red Delicious de Chihuahua, onde a RB/C foi de 1,27, muito melhor do que a RBC de 1,13 mencionada no parágrafo anterior, e não foi 1,9 mas 15,9 unidades percentuais acima da taxa CETES. O prémio ao produtor por assumir os riscos da produção foi bem pago pelo mercado.

Por último, a parte inferior do quadro 8, parte IV, relativa à produção de maçãs Red Delicious (em regadio, em todos os tipos de tecnologia, para os mercados interno e externo) nos municípios produtores de maçãs Red Delicious mais importantes dos três Estados indicados, sendo estes os municípios de Canatlán, em Durango, Cuauhtémoc, em Chihuahua, e Arteaga, em Coahuila, mostra que a RB/C, por esta ordem, foi de 0.23, 1,22 e 0,21, ou seja, nem Canatlán nem Arteaga, como principais municípios produtores de maçãs Red Delicious, melhoraram a sua rentabilidade, enquanto Cuauhtémoc diminuiu a sua RB/C em 5 pontos percentuais em relação à mencionada no parágrafo anterior, mesmo assim, foi superior à taxa CETES em quase 11 unidades percentuais, o que não é uma má recompensa para o produtor por ter assumido riscos.

A Tabela 9 contém, finalmente, os indicadores da pegada hídrica "HH", o objetivo deste trabalho. Verticalmente, a tabela 9 está dividida em três partes, a parte superior é para a HF física, que foi medida como Y1 e Y2, Y1 é o EFA, expresso em litros de água utilizada por kg produzido, e Y2 é o PAM, expresso em quilogramas de maçãs produzidas por metro cúbico de água utilizada na produção, ^{33}a segunda parte mostra a HH económica, avaliada como Y3 e Y4, Y3 indica a AEA, expressa em m de água utilizada na produção por cada USD de ganho (se positivo) ou cada USD de perda (se negativo) e Y4 foi expressa como o ganho em USD (se positivo) ou perda (se negativo) gerado por m de água utilizada na produção.

Quadro 9 : Pegada hídrica das maçãs Red Delicious no México, 2022

Variável e unidades em que é expressa	Em todo o Estado Maçã Red Delicious				Maçã Red Delicious a		
	Durango (CA)	Coahuila (AP)	Chihuahua (CA)	Os três Estados	Canatlan	Arteaga	Cuauhtémo c
Pegada hídrica física: PFA = Eficiência hídrica física; PFA = Produtividade hídrica física							
Y1 = EFA = L/kg	6,346	1,111	389	541	5,905	1,111	386
Y2 = PFA = kg/m^{3}	0.158	0.900	2.557	1.848	0.169	0.900	2.593
Pegada hídrica económica: EEA = Eficiência económica da água; EWE = Produtividade económica; EWP = Produtividade económica Água							
^{3}Y3 = EEE = m de água utilizada por ganho (se positivo) ou perda (se negativo) de USD	- 1.82	-0.47	2.55-	39.73	-1.86	-0.47	3.24
Y4 = ADP = ganho (+) ou perda (-) (em USD) ^{3}por m de água utilizada	-$0.55	-$2 .14	$ 0.39	-$ 0.03	-$ 0.54	-$2 .14	$ 0.31

Pegada hídrica social: SWE = Eficiência social da água; SWP = Produtividade social da água					
^{3}Y5 = SCE = m de água utilizado por cada emprego gerado	65,829	13,09118,680	22,570	65,82913,091	18,680
Y6 = PES = Empregos gerado por hm^3	15.19	76.3953.53	44.31	15.1976.39	53.53

Fonte: Elaboração própria, com base nos dados dos quadros 3, 7 e 8, partes III e IV. Nota: CA = produção em campo aberto; AP = produção em agricultura protegida. Em Coahuila, toda a produção de maçãs Red Delicious foi efectuada em campo aberto e, em Durango, Chihuahua e Durango, em agricultura protegida.

[33]A parte inferior mostra os HH sociais, expressos como Y5 e Y6, Y5 é o ESA, expresso como m de água utilizada na produção associada à geração de um emprego equivalente, enquanto Y6 é o PES, expresso como empregos equivalentes gerados associados ao uso de um hm de água.

Note-se que a água, por si só, não gera emprego, mas estando associada a uma cultura sob uma forma de produção específica, com um investimento diferente de salários diários por hectare, estará, portanto, associada a uma maior ou menor quantidade de emprego gerado.

Assim, a FQ Física na tabela 9, na sua forma de índice de eficiência hídrica física (EAF), mostra que, a nível estadual, Durango, Coahuila e Chihuahua, por esta ordem, apresentaram índices de EAF iguais a 6346, 1111 e 389 litros de água utilizada na produção por kg de maçãs, sendo que apenas Chihuahua ficou abaixo, quase metade dos 700 litros por kg indicados por Mekonnen e Hoeksta (2010 *Op. Cit.*) como a média mundial da pegada hídrica, observando que, devido à sua elevada PE física, Durango, sobretudo, e em menor grau Coahuila, dificilmente poderiam competir num mercado mundial cada vez mais informado e consciente da utilização de recursos escassos como a água, mas não Chihuahua, cuja baixa PE física oferece possibilidades de abrir nichos de mercado no mundo para os consumidores que utilizam o seu poder de compra para adquirir produtos com baixa PE. A nível municipal, não há diferenças notáveis na FQ física em comparação com as médias estaduais.

[3]No que se refere à AF física medida como índice de produtividade da água, observa-se, a partir da tabela 9, que a AFP, Y2, que em nível estadual, para Durango, Coahuila e Chihuahua, nessa ordem, foram 0,158, 0,900 e 2,557 kg/m , o que é coerente com a AFE, uma vez que a AFP é o inverso da AFE. Ressalta-se que é necessário visualizar os HH das duas formas, pois possuem conotações diferentes, uma vez que um mede a quantidade de água utilizada por unidade de produto, enquanto o outro indica a quantidade de produto gerado por unidade volumétrica de água. Assim, verifica-se que Chihuahua teve o uso mais produtivo da água em termos físicos, pois cada metro cúbico de água utilizado nos estados gerou em Chihuahua 16 2 vezes a quantidade de maçãs produzidas por metro cúbico de água em Durango e 2,89 vezes a de Coahuila.

A parte central do Quadro 9 mostra a HH Económica, sob dois ângulos diferentes; o Y3 (AEA) e o Y4 (AEP). [33]O IEEA mostra que a produção de um USD de ganho (se o indicador for positivo) ou de perda (se for negativo) implicou a utilização de 1,82 m por USD de perda em Durango, 0,47 m por USD de perda em Durango e 0,47 m por USD de perda em Durango.

[3]2,55 m por USD de lucro em Chihuahua. Mais uma vez, Chihuahua resultou numa utilização eficiente da água em termos económicos, uma

vez que a sua utilização permitiu obter lucros em relação à maçã Red Delicious em Durango e Chihuahua, onde se verificou uma utilização não eficiente da água em termos económicos, uma vez que a sua utilização gerou perdas. [33]Em termos de ADP, observa-se que, quando se utiliza o mesmo volume de água, um m, os três estados têm diferentes produtividades económicas da água, uma vez que, enquanto Chihuahua teve uma ADP de 0,39 dólares de lucro por m, Durango e Coahuila tiveram perdas de 0,55 dólares e 2,14 dólares, respetivamente. [3]A nível estatal, a produção de um dólar de perdas implicou a utilização de 30,73 m de água, e a utilização de um m de água gerou 0,03 USD de perdas.

[333]A nível municipal, não se observam diferenças visíveis para Durango e Coahuila, mas não para Chihuahua, uma vez que Cuauhtémoc, com 3,24 m por USD de lucro, utilizou mais água do que a média do Estado (2,55 m por USD de lucro) e, com 0,31 USD de lucro por m de água, teve um PAA inferior à média do Estado de 0,39 USD. Ver quadro 9.

[3]Por último, a parte inferior do Quadro 9, a Eficiência Social da Água, abreviada como SWE (Y5), e a Produtividade Social da Água, abreviada como WSP (Y6), mostra, para o SWE, que para produzir um posto de trabalho foi necessário investir 65 829, 13 091 e 18 680 m de água, ou seja, esse foi o custo da água por posto de trabalho gerado, e visualizado como o seu inverso, o índice WSP, medido como postos de trabalho por hm de água utilizada na produção, [33]que era o custo da água por posto de trabalho gerado, e visualizado como o seu inverso, o índice PES, medido como postos de trabalho por hm de água utilizada na produção, mostra que ao utilizarem o mesmo volume de água, um hm , tiveram níveis diferentes de produtividade social, pois geraram 15.[3]19, 76,39 e 53,53 postos de trabalho por hm, respetivamente, constatando-se agora que Coahuila era o Estado com melhor nível de eficiência hídrica e de

produtividade social, o que se explica pelo facto de ser o Estado onde se utilizaram mais dias de trabalho, onde se investiram mais horas de trabalho por hectare, ou seja, é tecnologicamente mais atrasado do que Chihuahua, onde o trabalho humano é substituído em maior medida pela tecnificação da produção.

5.2 Discussão

O resumo esquemático dos valores de AFP, AEP e AEP e de AFE, AEP e AEP citados na parte de revisão da literatura deste trabalho e que foram analisados no quadro 5, onde os seus índices aparecem em termos *absolutos*, constituem a parte inferior do quadro 10, onde aparecem mas já em termos *relativos*, ou seja, são contrastados com os resultados obtidos indicados no quadro 9, cujos valores aparecem na parte superior do quadro 10, De tal forma que os valores do quadro 10 resultam da divisão dos valores do quadro 5 pelos da maçã Red Delicious de Chihuahua, de modo que qualquer indicador resultante, se for superior à unidade, estará a indicar que a cultura comparada com a maçã Red Delicious de Chihuahua tem uma maior produtividade (física, económica ou social, conforme o caso) da água, por exemplo, do quadro 5 observa-se que a romã de Chihuahua analisada por Rios, Hernandez e Azpilcueta (2022, *op. cit.)* teve um índice de produtividade da água superior ao da maçã Red Delicious de Chihuahua. [356] [3]*Cit.)* tinha um índice ADP de 0,903 USD de lucro/m , pelo que, quando contrastado com o lucro de 0,39 USD da maçã Red Delicious de Chihuahua, se verificou que: 0,903/0,39=2,30 , ou seja, a romã produz 130% (2,30 - 1,00=1,30=1,30=130%) ***mais*** lucro por m de água do que a maçã Red Delicious de Chihuahua. As culturas a azul são precisamente as culturas com taxas inferiores àunidade, ou seja, culturas em que a maçã Red Delicious é mais produtiva quando u t i l i z a a água.

[56] O Excel utilizado para obter cada um dos quadros, como neste caso o quadro 10, fecha as casas decimais. É por isso que o quociente de 0,903/0,39 dá efetivamente os seguintes resultados
2,315 e não 2,30 como indicado no quadro 10, pelo que 0,903 e 0,39 são valores que o Excel fechou

Quadro 10: Discussão: Contraste entre os índices de produtividade hídrica da maçã Chihuahua Red Delicious e de outras culturas. A cor azul indica que a maçã Red Delicious é mais produtiva em termos de água do que a maçã Chihuahua Red Delicious em relação a outras culturas.

que compara

LocalizaçãoFontePFA (kg/ m³) EAP (USD/PSA) (Empregos/hm³)

Maçã Red Delicious Chihuahua (tér Este trabalho 2,557 $ 0,39 53,53

Apple Red Delicious **Chihuahua** = **1.**0Esta obra **1.** **001.** **001 .** **00**

Comparação dos índices de maçãs Red Delicious dos três principais Estados produtores/outras culturas

Apple MT (todos os	Chihuahua	Gamboa, Rios e Ros, 2022	0.892	1.58	0.64
Nogueira MT	Chihuahua	Gamboa et al, 2022	0.059	0.33	0.17
Granada	Chihuahua	Rios, Hernández e Azpilcueta, 2022	0.630	2.30	0.76
Amendoim	Chihuahua	Amaya, Rios e Chávez, 2021	0.286	0.48	0.35
Blackberry	Michoacán	Rios, Hernandez e Chavez, 2021	0.563	5.54	2.08
Morango	Michoacán	Rios, Hernandez e Chavez, 2021	3.195	9.17	1.45
Leite de vaca	Chihuahua	Rios, Rios e Rios, 2019		0.01	
Algodão	Chihuahua	Rios, Pizarro e Galván, 2021	0.140	0.15	0.22

Melancia	La Laguna, México	Armendáriz, Rios e Rodríguez, 2021	5.627	1.43	1.08

Fonte: Elaborado pelos autores, com base nos quadros 4 e 5.

Com base no que precede, pode observar-se que, no quadro 10, os índices de produtividade física inferiores aos da maçã Red Delicious de Chihuahua são apresentados a azul, as culturas de maçã MT (MT=produzida em condições de Utilização Média de Tecnologia) de Chihuahua (com 0,892), a noz pecan de Chihuahua (com 0,059), a romã de Chihuahua (com 0,630) e o amendoim (com 0,286).

[3]Numa situação semelhante, a cultura da amora-preta de Chihuahua (com 0,563) e o algodão de Chihuahua (com 0,140); todas estas culturas tiveram uma AFP inferior à da maçã Red Delicious, com índices que indicam que a nogueira teve a AFP relativa mais baixa, porque com o seu índice de 0,059 já mencionado, sugere que quando utiliza a mesma quantidade de água que a maçã Red Delicious produz 2,557 kg de biomassa, gerará apenas 5,9% dessa quantidade de biomassa.A maçã Red Delicious de Chihuahua produz 2,557 kg de biomassa, gerando apenas 5,9% dessa quantidade de biomassa, e a que mais se aproximou do PFA da maçã Red Delicious de Chihuahua foi a maçã (todas as variedades) produzida em MT com 0,892, o que sugere que esta cultura produz 89,2% da biomassa produzida pela maçã Red Delicious quando ambas as culturas utilizam o mesmo volume de água.

As culturas que obtiveram um AFP superior ao da maçã Chihuahua Red Delicious foram o morango de Michoacán e a melancia produzida em La Laguna, cujos índices iguais a 3,195 e 5,627 sugerem que, quando essas culturas utilizarem o mesmo volume de água utilizado pela maçã Chihuahua Red Delicious na produção, terão um rendimento de 219,5% (=3,195 - 1=2,295) e 462,7% (=5,627 - 1 = 4,627).
mais biomassa. Ver quadro 10.

As culturas que tiveram uma PEA mais elevada do que a maçã Red

Delicious de Chihuahua foram a maçã MT de Chihuahua (com 1,58), a romã de Chihuahua (com 2,30), a amora e o morango de Michoacán (com 5,54 e 9,19) e a melancia de La Laguna (com 1.43), observando-se que, no caso da maçã MT de Chihuahua, se produz 58% mais de lucro quando se utiliza a mesma unidade volumétrica de água utilizada pela maçã Red Delicious de Chihuahua, enquanto o caso com maior PEA relativa foi o do morango com 9.17, ou seja, ao utilizar o mesmo volume de água utilizado pela maçã Red Delicious produzirá 8,17 vezes ***mais*** ganho ou, por outras palavras, produzirá uma massa de ganho igual a 9,17 vezes o tamanho do ganho da maçã Red Delicious de Chihuahua. Ver tabela 10

Quanto ao PES relativo, a tabela 10 mostra, em azul, as culturas com PES inferior ao da maçã Red Delicious de Chihuahua. Assim, quando essas culturas utilizarem o mesmo volume de água utilizado pelo parâmetro de comparação maçã analisado neste trabalho, gerarão menos do que os 53,33 empregos gerados pelo parâmetro, como foi o caso da maçã MT e da noz MT com 0,64 e 0,17, bem como da romã com 0,76, do amendoim com 0,35 e do algodão com 0,22. A que mais se afastou do PES da maçã Red Delicious de Chihuahua foi a noz MT, pois seu índice, igual a 0,17, sugere que quando se utiliza no PES da maçã Red Delicious de Chihuahua o mesmo volume de água utilizado pela maçã Red Delicious de Chihuahua, seu índice, igual a 0.17, sugere que quando se utiliza na produção o mesmo volume de água que o utilizado pela maçã Red Delicious, esta só produzirá 17% do emprego que esse volume de água produziria na maçã Red Delicious de Chihuahua, e a cultura que mais se aproximou sem ultrapassar a maçã Red Delicious foi a romã com 0,76, sugerindo que quando ambas as culturas utilizam o mesmo volume de água, a romã produzirá um volume de emprego igual a apenas 76% do produzido pela maçã Red Delicious produzida com esse volume de água. Apenas a amora, o morango de Michoacán e a melancia de La Laguna tiveram um PES mais elevado do que a maçã Red Delicious de Chihuahua, uma vez que os seus índices foram de 2,08, 1,45 e 1,08, respetivamente, o que sugere que, quando se utiliza o mesmo volume de água, a amora, o morango e a melancia produzirão 108% (=2,08 - 1=1,08), 45% (=1,45 - 1=0,45) e 8% (=1,08 - 1 =0,08). respetivamente, ***mais emprego*** do que a maçã Red Delicious de Chihuahua.

VI CONCLUSÕES E RECOMENDAÇÕES

6.1 Conclusões

Foram cumpridos os objectivos de determinar ***a quantidade de água*** utilizada na produção à escala comercial por kg de maçã Red Delicious, bem como a quantidade de água utilizada por USD de lucro e a quantidade de água associada à criação de emprego na produção de maçãs Red Delicious nos estados de Durango, Chihuahua e Coahuila, no norte do México, Foi também cumprido o objetivo de determinar ***a quantidade de água*** utilizada na produção à escala comercial por kg de produto físico, bem como a quantidade de água utilizada por USD de lucro e a quantidade de água associada à criação de emprego na produção de maçãs Red Delicious nos três estados do norte do México no ano agrícola de 2022, cumprindo assim o objetivo de determinar a pegada hídrica nas suas três vertentes: em termos físicos, em termos económicos e em termos sociais.

$^{-1}$Com base na metodologia utilizada, baseada no uso de equações matemáticas que foram alimentadas com dados à escala comercial do SIAP-SADER 2023 (fecho do ciclo agrícola de 2022), e nos resultados obtidos com tal procedimento metodológico, ***a primeira hipótese não é rejeitada***, uma vez que apenas a maçã Red Delicious do estado de Chihuahua, México, com 389 L kg , teve um HH físico inferior à média mundial de 700 L kg-1 reportada por Mekonnen e Hoekstra (2010 *Op.* $^{-1}$*Cit.*), Durango e Coahuila apresentaram um HH físico bem acima da média mundial: 6.346 e 1.111 L kg, respetivamente.

Com base na metodologia utilizada, baseada no uso de equações matemáticas alimentadas com dados à escala comercial do SIAP-SADER 2023 (fecho do ciclo agrícola de 2022), e nos resultados obtidos com tal procedimento metodológico, ***a segunda hipótese não é rejeitada***, ***uma*** vez que apenas a maçã Red Delicious do estado de Chihuahua, México, com 2.[333]55 m por USD de ganho e 0,39 USD de ganho por m, teve uma eficiência hídrica e uma produtividade superiores à média estadual da pegada hídrica económica com os indicadores correspondentes de 39,73 m por USD de perda e 0,33 USD de perda por m de água utilizada na produção. [3]As maçãs Red Delicious produzidas em Durango e Coahuila tiveram uma eficiência hídrica e uma produtividade económica da água inferiores à média do Estado, tendo, de facto, sofrido uma perda por m .

[3-1-3]Com base na metodologia utilizada, baseada no uso de equações matemáticas alimentadas com dados em escala comercial do SIAP-SADER 2023 (fechamento do ciclo agrícola de 2022), e nos resultados obtidos com tal procedimento metodológico, ***rejeita-se a terceira hipótese***, uma vez que a média estadual da AEE da maçã Red Delicious foi de 22.570 m Emprego e o PSA foi igual a 44,31 m Emprego, e tanto a AEE quanto o PSA de Chihuahua (com 13.091 m^3

[33]/Emprego e 76,39 postos de trabalho/hm) e Coahuila (com 18.680 m /Emprego e

[333]53,53 postos de trabalho/hm) estavam abaixo da média do Estado, mas não Durango, que com 65.829 m/Emprego e 15,19 postos de trabalho/hm tinha, por conseguinte, uma eficiência e uma produtividade social mais baixas da água utilizada na produção.

6.2 Recomendações

O Governo do Estado de Chihuahua tem uma janela de oportunidade no comércio mundial da maçã Red Delicious, uma vez que a água utilizada na produção deste fruto apresenta elevados níveis de eficiência e produtividade física, económica e social na água utilizada na sua produção, caracterizada, por exemplo, como já foi referido, por um HH físico equivalente a apenas 55% do HH físico médio mundial (700 litros/kg), com um FQ físico equivalente a apenas 55% da média mundial de FQ físico (700 litros/kg), pelo que se considera importante procurar as medidas necessárias para facilitar as exportações desta maçã para os países europeus, uma vez que estes são os mais sensibilizados para o comércio de produtos com baixa pegada hídrica e, por conseguinte, com baixo impacto no ambiente.

Isto é reforçado pelo facto de a maçã Chihuahua Red Delicious ter uma pegada hídrica social muito favorável, uma vez que gera um elevado número de postos de trabalho por volume de água utilizado na sua produção. Considera-se que este aspeto ajudaria muito na penetração de nichos de mercado de consumo caracterizados pela aquisição de produtos com um elevado benefício social na sua produção.

VII LITERATURA CITADA

Amaya, L. V. M., Rios, F. J. L., Chávez, R. J. A. 2021. *Efectywnosc wykorzystania wody w produkcji orzeszków ziemnuch (Arachis hipogaea L.) w Chihuahua. WYDAWNICTWO NASZA WIEDZA. ISBN 9786203316445 Riga, Letónia.*

Revista Agro Industrial 2000, 2021. Disponível em: https://www.2000agro.com.mx/agroindustria/crecimiento-de-2- digitos-en-produccion-de-manzanas/

Armandáriz, E. S., Rios, F. J. L. Rodríguez, S. Y. 2021. Rentabilité et utilisation de l'eau dans la culture de la pastèque (*Citrillus lanatus L.*) goutte à goutte à La Laguna, Mexique. EDIÇÕES NOTRE SAVOR. ISBN 9786203473803. Riga, Letónia

Botanical-oline, 2023. maçãs, fruta. disponível em: https://www.botanical-online.com/botanica/manzano-caracteristicas#Caracteristicas#das_maçãs

BUPA (British United Provident Association). 2023. Todos os benefícios de comer maçãs. Disponível em

https://www.bupasalud.com/agentes/novedades/actualizaciones-2023

Cerdán, C. e Suárez, A. I.. 2020. Centros de Origem da Biodiversidade. Disponível em: . https://www.uv.mx/personal/asuarez/files/2020/05/Semana-5- Session-1-Centres-of-origin-2020.pdf

Chapagain, A. K. e Hoekstra A.Y. 2004. Water Footprints of Nations (Pegadas Hídricas das Nações). Volume 1: Main Report, Research Report Series No. 16.

DATA MEXICO, GOVERNO DO MÉXICO, 2023. Disponível em: https://www.economia.gob.mx/datamexico/es/profile/product/ap ples-pears-and-quinces-fresh#:~:text=In%202021%20a%20world%20level%20,United%20(US%24949M)

Conversor de moeda: disponível em:

https://www.xe.com/es/currencyconverter/convert/?Amount=1&From=USD&To=MXN

David, R. 1959. Princípios de Economia Política e Tributação. Fundo de Cultura Económica. Primeira edição em espanhol. México, DF.

El País, 2023. Cetes: o instrumento financeiro que atrai os aforradores em tempos de inflação elevada no México. Última consulta em 9 de fevereiro de 2023. Disponível em: https://elpais.com/mexico/2023-02-11/cetes-el-instrumento- financiero-que-atrae-ahorradores-en-tiempos-de-tiempos-de-alta-inflacion- en-mexico.html

.***FAOSTAT~~, 2021.~~*** ~~Ano~~ Internacional das Frutas e Legumes. *Disponível em:* https://www.fao.org/3/cb2395es/cb2395es.pdf

FAOSTAT, 2023. Divisão de Estatística da FAO. Disponível em. https://www.fao.org/3/cb2395es/cb2395es.pdf: acedido em 8 de novembro de 2023.

FIRA, 2023, Agrocostos, disponível em:

https://www.fira.gob.mx/Nd/Agrocostos.jsp

Gamboa, N. M., Rios, F. J. L., Rios, A. B. E., Rios, A. B. E.. 2022. Eficiência e produtividade da água utilizada na produção de noz-pecã (*Carya illinoensis*) versus maçã (*Malus domestica*) em Chihuahua, México. Editorial Académica Española. ISBN 978603887532. Berlim, Alemanha.

Haro, G. A. Moreau, B. M. Del C. 2023. Maçã. In: PULEVA; Bienestarparadisfrutardelavida . pt. https://www.lechepuleva.es/aprende-a-cuidarte/tu-alimentacion- de-la-a-z/m/manzana#:~:text=A%20maçã%20traz%20vitaminas%20para%20nós%20para%20fortalecer%20os%20cabelos%20e%20u%20C3%B1as

Hoekstra, A.Y. 2003. Virtual Water Trade: Proceedings of the International Expert Meeting on Virtual Water Trade. Delft. Países Baixos. 12 e 13 de dezembro de 2002. Value of Water Research Report Series No. 12. UNESCO-IHE. Delft. Países Baixos. www.waterfootprint.org/Reports/Report12.pdf.

INIFAP-CENID-RASPA. (2006). Programa de Irrigação. [Data da consulta:
1 de dezembro de 2023]. Disponível em: https://cenidraspa.org/serg/serg_v1.php

Marx, C. 1982. O Capital. Vol. I. FCE, México DF, 1982

Mekonnen, M.M. e Hoekstra, A. Y. 2010. The green, blue and grey water footprint of crops and derived crop products. Hydrology and Earth System Aciences, 15(5): 1577-1600.

Mekonnen, M. M. & Hoekstra, A, Y. 2012. A global Assesment of the wáter footprint of farm animal products (Avaliação global da pegada hídrica dos produtos de origem animal). Ecosystems (2012) 15:401-415. DOI:10.1007/s10021-011-9517-8

Rios, F., J. L., Torres M., M. Castro F., Rafael, Torres M., M.A. Ruiz, T. J. 2015. Determinação da pegada hídrica azul em culturas forrageiras na DR017 Comarca Lagunera, México. Rev. FCA UNCUYO, 2018. 47(1): 101-122, ISSN print 0370-4661. ISSN (online) 1853-8665, pp.93-107. Mendoza, Argentina.

Rios, F., J. L., Torres M. M. e Torres M., M. A. (2016a). Produtividade da água agrícola em nogueira pecan no norte do México. Casos: Comarca Lagunera e Delicias, Chihuahua. ISBN978-3- 639-80166-8. Editorial Académica Española. Saarbrucken, Alemanha.

Rios, F., J. L., Pizarro, Q., A., Galván, C. R. V. 2021. Wassersparende landwirtschaftliche Muster mit Hilfe des Wasser-Fuβabdrucks fall von DR005 Delicias, Chihuahua. Verlag Unser Wissen ISBN9786204117300. Berlim, Alemanha

Ríos, F., J. L., Rios, A., B. E., Cantú, B., J. E., Rios, A., H. E., Armendáriz, E., S., Chávez, R. J. A., Navarrete M., C. & Castro, F., R. 2018. Análise da eficiência física, econômica e social da água na mesa de espargos (*Asparagus officinalis L.)* e uvas (*Vitis* vinifera) da DR-037 Altar-Pitiquito-Caborca, Sonora, México 2018. *Revista de la Facultad de Ciencias Agrarias. Universidade Nacional de Cuyo*, 50(2). ISSN na versão impressa 0370-4661, ISSN (online) 1853-8665. Mendoza, Argentina.

Rios, F. J. L., Hernández, I. G. e Azpilcueta R., M.. 2021. Economia agricolo.ambientale dell'acqua utilizzata sulla produzione commerciale di melograno (*Punica granatum L.*) EDIZIONI SAPIENZA. ISBN 9786205168288. Berlino, Alemanha

Rios, F., J. L., Rios A., Becky E., Rios A., Hebrián E. 2019. Pegadas hídricas físicas e econômicas do leite. O caso do leite bovino de Delicias, Chihuahua, México. Editorial Académica Española. ISBN 978-620-0-02518-0. Berlim, Alemanha

Rios, F., J. L., Hernández, I. G. e Chávez, R., J. A. 2021. Produtividade econômica da água em amora-preta (*Rubus spp. L.*) e morango (*Fragaria vesca L.*): O caso do Distrito de Irrigação 061 em Zamora. NOSSA PUBLICAÇÃO DE CONHECIMENTO.

ISBN9786203189537. Berlim, Alemanha

SIAP-SADER (2023). Defeso agrícola 2022. Disponível em: http://infosiap.siap.gob.mx/aagricola_siap_gb/icultivo/

Wikipédia. Disponível em: https://es.wikipedia.org/wiki/Manzana

Zarza, L., F. 2023. Diferença entre a pegada azul, a pegada verde e a pegada cinzenta. Disponível em: https://www.iagua.es/respuestas/diferencia- huella-azul-huella-verde-huella-verde-y-huella-gris.

MIX
Papier aus verantwortungsvollen Quellen
Paper from responsible sources
FSC® C105338

Printed by Books on Demand GmbH, Norderstedt / Germany